U0239313

南疆重点产业创新发展支撑计划（2021DB014）
国家肉羊产业技术体系（CARS-38）

中国羊

品种资源

申小云　汪代华　周　平　主编

中国农业出版社
农村读物出版社
北　京

图书在版编目（CIP）数据

中国羊品种资源 / 申小云，汪代华，周平主编. —
北京：中国农业出版社，2023.10
ISBN 978-7-109-30960-9

Ⅰ.①中… Ⅱ.①申…②汪…③周… Ⅲ.①羊—种
质资源—中国 Ⅳ.①S826.8

中国国家版本馆CIP数据核字（2023）第141123号

中国羊品种资源
ZHONGGUO YANG PINZHONG ZIYUAN

中国农业出版社出版

地址：北京市朝阳区麦子店街18号楼
邮编：100125
责任编辑：姚 佳 文字编辑：耿韶磊
版式设计：杨 婧 责任校对：吴丽婷
印刷：中农印务有限公司
版次：2023年10月第1版
印次：2023年10月北京第1次印刷
发行：新华书店北京发行所
开本：787mm×1092mm 1/16
印张：11.25
字数：273千字
定价：98.00元

本书编委会

主　编：申小云　汪代华　周　平

副主编：胡　茂　任文仕　周爱民　曾婉怡

参　编：向文杰　宋金忠　代　蓉　杨克露

　　　　方　亚　鹏江春　杨月娥　王利民

　　　　池永宽　赵　魁　李健华　李文艳

前 言
Foreword

　　羊品种资源是重要的畜牧业资源，对牧区、丘陵农区的产业发展、对民族地区的生产生活具有重要意义。随着国家肉羊产业体系的建立，现代肉羊产业得到快速发展，育种技术日新月异，品种资源不断更新换代，在乡村振兴中做出了重要贡献。

　　种业是农业的"芯片"，资源是种业的"芯片"。当前，国家做出了打好种业翻身仗、实施种业振兴的决策部署，2021年启动了第三次全国畜禽遗传资源普查工作，对全国所有行政村、所有畜禽品种进行"两个全覆盖"普查，并计划用3年时间完成该项工作。在2021年新发现的十大优异畜禽遗传资源中有7个为羊品种资源，由此可见，羊品种资源值得深入关注和发掘。为更好地认识、了解和掌握我国羊品种资源状况，我们在对当前各地羊品种资源进行系统研究梳理的基础上，对照《国家畜禽遗传资源目录》《国家畜禽遗传资源品种名录》（2021年版），对我国现有羊品种资源的历史沿革、特征特性、区域分布和生产性能进行了全面梳理，形成了本书，供社会各界，特别是基层畜牧工作者参考使用。

　　随着普查工作的深入推进和选育工作的持续加强，近年来，新发现、新审定的羊品种资源不断涌现。对未列入《国家畜禽遗传资源品种名录》的羊品种资源，本书暂未收录。

　　由于编者水平有限，难免有疏漏之处，我们将在后续工作中不断改进完善。在本书采编过程中，得到了全国畜牧总站、国家畜禽遗传资源委员会和国家肉羊产业技术体系的大力支持，得到了各地羊业研究工作者、资源保护工作者和基层畜牧工作者的无私帮助，在此一并致谢。

编　者

目 录
Contents

二、山羊品种资源 91

一、绵羊品种资源

（一）地方品种

1. 蒙古羊

蒙古羊是我国数量最多、分布地域最广的绵羊品种，属粗毛型绵羊地方品种。

（1）外貌特征。蒙古羊体躯被毛为白色，头、颈、眼圈、嘴与四肢多为有色毛。体质结实，骨骼健壮，肌肉丰满，体躯呈长方形。头形略显狭长，额宽平，眼大而凸出，鼻梁隆起，耳小且下垂。部分公羊有螺旋形角，少数母羊有小角，角色均为褐色。颈长短适中，胸深，背腰平直，肋骨开张欠佳，体躯稍长，尻稍斜。四肢细长而强健有力，蹄质坚硬。短脂尾，呈圆形或椭圆形，肥厚而充实，尾长大于尾宽，尾尖卷曲呈S形（图1、图2）。

图1　蒙古羊公羊

图2　蒙古羊母羊

（2）体重和体尺。蒙古羊成年羊体重和体尺见表1。

表1　蒙古羊成年羊体重和体尺

性别	数量（只）	体重（kg）	体高（cm）	体长（cm）	胸围（cm）	管围（cm）
公	64	61.2±9.9	68.3±3.2	70.6±6.0	93.4±5.8	8.4±0.6
母	261	49.8±5.4	63.9±3.7	69.5±4.4	84.5±4.9	7.6±0.6

注：2006年8—10月由内蒙古自治区家畜改良工作站在新巴尔虎右旗、西乌珠穆沁旗、四子王旗、乌拉特后旗测定。

（3）繁殖性能。蒙古羊初配年龄，公羊18月龄，母羊8～12月龄。母羊为季节性发情，多集中在9—11月；发情周期平均18.1d，妊娠期平均147.1d；年平均产羔率103%，羔羊断奶成活率99%。羔羊平均初生重，公羔4.3kg，母羔3.9kg；放牧情况下多为自然断奶，羔羊平均断奶重，公羔35.6kg，母羔23.6kg。

（4）产肉性能。2006年9月，锡林郭勒盟畜牧工作站对15只成年蒙古羊羯羊进行屠宰性能测定，平均宰前活重63.5kg，胴体重34.7kg，屠宰率54.6%，净肉重26.4kg，净肉率41.7%。

（5）产毛性能。蒙古羊每年剪毛2次。剪毛量，公羊1.5～2.2kg，母羊1.0～1.8kg；被毛自然长度，公羊平均8.1cm，母羊平均7.2cm。羊毛品质因地区不同存在一定差异，一般自东向西髓毛减少，无髓毛和两型毛增多。据测定，五一种畜场蒙古羊平均羊毛细度，无髓毛为26.65μm，有髓毛为49.46μm，而阿拉善左旗分别为20.33μm、48.71μm。

2. 西藏羊

西藏羊又称藏羊、藏系羊，主要有草地型（高原型）和山谷型两大类，其中主要分布在青海省河南县与甘肃省玛曲县接壤一带的欧拉山地区的藏系绵羊，经过长期自然选择和人工选育形成了以产肉为主的藏系绵羊，被称为欧拉羊。2018年6月，经甘肃省农牧厅、青海省农牧厅申报，国家畜禽遗传资源委员会组织进行了现场鉴定，将欧拉羊列入了国家畜禽遗传资源目录，该类型群体被称为欧拉型藏羊。各地根据其自然生态特点又细分为不同的类型，属粗毛型绵羊地方品种。

（1）外貌特征。

①草地型藏羊。体质结实，体格高大，四肢较长。公、母羊均有角，公羊角长而粗壮，呈螺旋状向左右平伸；母羊角扁平、较小，多呈捻转状向外伸展。鼻梁隆起，耳大，前胸开阔，背腰平直，十字部稍高，小尾扁锥形。被毛以体躯白色、头肢杂色为主，体躯杂色和全白个体很少。被毛异质毛纤维长，这一类型藏羊所产羊毛为著名的"西宁毛"。

图3　西藏羊公羊

②山谷型藏羊。体格较小，结构紧凑，体躯呈圆筒状，颈稍长，背腰平直。头呈三角形，公羊大多有扁形大弯曲螺旋形角，母羊多无角。四肢较短，体躯被毛以白色为主。

③欧拉型藏羊。体格高大，早期生长发育快，肉用性能好。头稍狭长，多数具肉垂。公羊前胸着生黄褐色毛，母羊则不明显。背腰宽平，后躯较丰满。被毛短，死毛含量很高。头、颈、四肢多为黄褐色花斑。大多数体躯被毛为杂色，全白和体躯白色个体较少（图3、图4）。

图4　西藏羊母羊

（2）体重和体尺。

①草地型藏羊。成年羊平均体重，公羊51.0kg，母羊43.6kg；年平均剪毛量，公羊1.40～1.72kg，母羊0.84～1.20kg；净毛率70%左右。其纤维按重量百分比计，无髓毛占53.59%，两型毛占30.57%，有髓毛占15.03%，干死毛占0.81%。平均羊毛细度，无髓毛20～22μm，两型毛40～45μm，有髓毛70～90μm。体侧毛辫长度20～30cm。母羊一般年产一胎，一胎一羔，产双羔者很少。屠宰率43%～47.5%。

羊毛品质好，两型毛含量高，光泽好、弹性好、强度大，两型毛和有髓毛较粗，绒毛比例适中，由其织成的产品有良好的回弹力和耐磨性，是织造地毯、提花毛毯等的上等原料。

②山谷型藏羊。成年羊平均体重，公羊40.65kg，母羊31.66kg。被毛主要有白色、黑色和花色，多呈毛丛结构，干死毛多，毛质较差。年剪毛量0.8～1.5kg。屠宰率平均48%。

③欧拉型藏羊。成年羊体重，公羊（75.85±14.80）kg，母羊（58.51±5.62）kg；1.5岁羊体重，公羊（47.56±4.35）kg，母羊（44.30±3.36）kg；平均剪毛量，成年公羊1.10kg，成年母羊0.93kg。在成年母羊的被毛中，以重量百分比计，无髓毛平均占39.03%，两型毛平均占25.44%，有髓毛平均占7.41%，干死毛平均占28.12%。成年羯羊的屠宰率平均为50.18%。

3. 哈萨克羊

哈萨克羊属粗毛型绵羊地方品种，为中国三大粗毛羊品种之一。

（1）外貌特征。哈萨克羊毛色以棕红色为主，部分个体头、四肢为黄色。被毛异质，干死毛多，毛质较差。体质结实，结构匀称，头中等大，耳大下垂。公羊有粗大的螺旋形角，鼻梁隆起；母羊无角或有小角，鼻梁稍有隆起。颈中等长，胸较深，背腰平直，后躯比前躯稍高。四肢高而粗壮。尾宽大，脂肪沉积于尾根周围，形成枕状脂臀，下缘正中有一浅沟，将其分成对称两半（图5、图6）。

图5　哈萨克羊公羊

（2）体重和体尺。哈萨克羊成年羊体重和体尺见表2。

（3）繁殖性能。哈萨克羊5～8月龄性成熟，初配年龄18～19月龄。母羊秋季发情，发情周期平均16d，妊娠期平均150d，产羔率平均99.0%。羔羊平均初生重，公羔4.3kg，母羔3.5kg；平均断奶重，公羔35.8kg，母羔28.5kg。羔羊140日龄左右断奶，哺乳期平均日增重，公羔225g，母羔178g，羔羊平均断奶成活率98.0%。

图6　哈萨克羊母羊

表2　哈萨克羊成年羊体重和体尺

性别	数量（只）	体重（kg）	体高（cm）	体长（cm）	胸围（cm）	尾长（cm）	尾宽（cm）
公	16	73.4 ± 15.5	73.7 ± 4.0	78.2 ± 5.1	97.3 ± 7.7	15.4 ± 2.2	28.0 ± 5.5
母	89	52.5 ± 6.6	68.9 ± 3.0	73.6 ± 4.6	86.5 ± 6.3	9.8 ± 1.7	20.2 ± 2.9

（4）产肉性能。哈萨克羊周岁羊屠宰性能见表3。

表3　哈萨克羊周岁羊屠宰性能

性别	数量（只）	宰前活重（kg）	胴体重（kg）	屠宰率（%）	净肉率（%）	肉骨比
公	12	42.3 ± 1.1	18.0 ± 0.5	42.6	34.4	4.2∶1
母	12	40.8 ± 1.3	17.3 ± 0.6	42.4	35.0	4.7∶1

哈萨克羊肉质好。据测定，每100g瘦肉平均含蛋白质18.92g，粗脂肪6.35g，钙19.25mg，磷391.46mg，镁3.23mg，铁18.48mg。氨基酸中谷氨酸占15.98%，脂肪酸中不饱和脂肪酸占68.21%。

（5）产毛性能。哈萨克羊成年羊春、秋季各剪毛1次，羔羊秋季剪毛。平均产毛量，成年公羊2.6kg，成年母羊1.9kg。哈萨克羊成年羊春毛品质见表4。

表4　哈萨克羊成年羊春毛品质

性别	有髓毛（%）	两型毛（%）	无髓毛（%）	干死毛（%）	羊毛自然长度（cm）
公	12.1	19.6	55.4	12.9	14.8
母	23.9	13.9	41.2	21.0	13.3

4. 广灵大尾羊

广灵大尾羊属肉脂型绵羊地方品种，原产于山西省北部的广灵县及其周围地区。

（1）外貌特征。广灵大尾羊被毛为纯白色，呈明显毛股结构。体格中等，体躯呈长方形，肌肉欠丰满。头大小适中，耳略下垂。公羊有螺旋状角，母羊无角。颈细而圆，四肢健壮。属短脂尾，呈方圆形，多数尾尖向上翘起（图7、图8）。

图7　广灵大尾羊公羊　　　　　　　　图8　广灵大尾羊母羊

（2）体重和体尺。广灵大尾羊成年羊体重和体尺见表5。

表5　广灵大尾羊成年羊体重和体尺

性别	数量（只）	体重（kg）	体高（cm）	体长（cm）	胸围（cm）
公	13	85.6 ± 31.9	76.2 ± 7.6	83.2 ± 11.2	96.8 ± 12.2
母	58	56.9 ± 10.0	69.3 ± 4.2	78.3 ± 5.0	94.6 ± 9.0

据测定，广灵大尾羊公羊平均尾长21.8cm、尾宽18.7cm，母羊平均尾长22.4cm、尾宽19.4cm。

（3）繁殖性能。广灵大尾羊公、母羊初配年龄均为1.5～2岁。母羊春、夏、秋三季均可发情配种，1年2产或2年3产，以产冬羔为主。母羊发情周期16～18d，妊娠期平均150d；年平均产羔率102%。羔羊平均初生重，公羔3.7kg，母羔3.7kg；平均断奶重，公羔27.6kg，母羔27.7kg。

（4）产肉性能。广灵大尾羊羊肉呈玫瑰色，具有组织致密、鲜嫩可口、膻味轻等特点。广灵大尾羊周岁羊屠宰性能见表6。

表6　广灵大尾羊周岁羊屠宰性能

性别	宰前活重（kg）	胴体重（kg）	屠宰率（%）	净肉重（kg）	净肉率（%）	脂尾重（kg）	肉骨比
公	51.3 ± 1.6	26.0 ± 1.5	50.7 ± 0.1	20.8 ± 0.3	40.5 ± 0.0	4.5	4 : 1
母	44.3 ± 1.6	22 ± 1.5	49.7 ± 1.1	17.1 ± 0.2	38.6 ± 1.4	2.8	3.5 : 1

注：公、母羊测定头数共35只。

（5）产毛性能。广灵大尾羊被毛属异质毛。成年羊平均产毛量，春毛1.2kg，秋毛1.5kg。据毛纤维类型重量分析，无髓毛平均占53.5%，两型毛平均占15.3%，有髓毛平均占30.6%，干死毛平均占0.6%。内层无髓毛平均长4.4cm、直径平均24.5μm，外层毛股平均长7.5cm、直径平均87.5μm。被毛不易擀毡，可作地毯原料。净毛率平均68.6%。

5. 晋中绵羊

晋中绵羊属肉毛兼用型绵羊地方品种，属短脂尾羊。

（1）外貌特征。晋中绵羊全身被毛为白色，部分羊头部为褐色或黑色。体格较大，体躯较长。头部狭长，鼻梁隆起，耳大、下垂。公羊有螺旋形大角，母羊多无角。颈长短适中，胸较宽，肋骨开张，背腰平直。四肢结实，蹄质坚实。属短脂尾，尾大近似圆形，有尾尖（图9、图10）。

图9 晋中绵羊公羊

图10 晋中绵羊母羊

（2）体重和体尺。晋中绵羊成年羊体重和体尺见表7。

表7 晋中绵羊成年羊体重和体尺

性别	数量（只）	体重（kg）	体高（cm）	体长（cm）	胸围（cm）	胸宽（cm）	胸深（cm）	尾宽（cm）	尾长（cm）
公	10	72.7±13.8	81.60±9.8	97.9±37.7	100.1±11.1	26.5±3.4	38.9±1.2	19.9±4.8	19.0±4.71
母	40	43.8±5.9	66.1±7.6	87.8±26.3	88.3±7.2	23.6±2.8	31.8±2.1	14.94±0.9	14.8±1.7

注：2007年10月在平遥县和祁县测定。

（3）繁殖性能。晋中绵羊7月龄左右性成熟，初配年龄为1.5～2.0周岁。母羊多集中在秋季发情，发情周期15～18d，妊娠期平均149d；年平均产羔率102.5%。羔羊平均初生重，公羔2.89kg，母羔2.88kg；羔羊平均断奶成活率91.7%。

（4）产肉性能。2007年10月，由晋中市畜禽繁育工作站组织，对主产区平遥县和祁县10只1周岁公羊和40只1周岁母羊进行了测定，1周岁公羊平均宰前体重48.4kg，胴体重27.7kg，屠宰率57.2%；1周岁母羊平均宰前体重42.3kg，胴体重21.6kg，屠宰率51.1%。

（5）产毛性能。晋中绵羊产毛性能见表8。

表8 晋中绵羊产毛性能

性别	数量（只）	产毛量（kg）	自然长度（cm）	净毛率（%）
公	5	1.8	5.4	62
母	20	1.1	5.8	—

注：2007年4月在平遥县和祁县测定。

6. 呼伦贝尔羊

呼伦贝尔羊属肉脂兼用型绵羊地方品种。

呼伦贝尔羊中心产区位于内蒙古自治区呼伦贝尔市陈巴尔虎旗、鄂温克族自治旗、新巴尔虎左旗、新巴尔虎右旗。其他旗、县、市有少量分布。

呼伦贝尔羊以较强的适应能力、较高的产肉性能和优良的羊肉品质，受到了产区农牧民的喜爱和消费者的青睐。2020年，内蒙古自治区农牧厅对呼伦贝尔羊存栏量进行了统计，为260万只左右。

（1）外貌特征。呼伦贝尔羊被毛为白色，部分羊头、颈、四肢有黑、黄、灰等杂色。体质结实，结构匀称，体格大，皮肤致密而富有弹性。头大小适中，鼻梁微隆，耳小、呈半下垂状，眼大而凸出。部分公羊有褐色的螺旋形角，母羊均无角。胸部宽深，肋骨开张良好，背腰平直，体躯呈长方形。四肢结实，蹄质坚实。具有椭圆状和小桃状两种尾型（图11、图12）。

图11　呼伦贝尔羊公羊

图12　呼伦贝尔羊母羊

（2）体重和体尺。呼伦贝尔羊成年羊体重和体尺见表9。

表9　呼伦贝尔羊成年羊体重和体尺

性别	数量（只）	体重（kg）	体高（cm）	体长（cm）	胸围（cm）	管围（cm）
公	40	79.0 ± 8.7	72.6 ± 3.4	76.4 ± 3.3	101.2 ± 4.3	8.9 ± 1.0
母	70	62.2 ± 2.5	67.8 ± 3.3	73.4 ± 3.1	93.8 ± 3.7	8.4 ± 0.7

注：2006年8月在呼伦贝尔羊种羊场和鄂温克旗测定。

（3）繁殖性能。呼伦贝尔羊公、母羊5～7月龄性成熟，1.5周岁达到初配年龄。属季节性发情，多集中在9—11月。母羊发情周期15～19d，妊娠期144～158d；年平均产羔率113%，羔羊成活率99%。羔羊平均初生重，公羔4.5kg，母羔3.7kg；平均断奶重，公羔37.0kg，母羔33.9kg。

（4）产肉性能。呼伦贝尔羊成年羯羊屠宰性能见表10。

表10　呼伦贝尔羊成年羯羊屠宰性能

宰前活重（kg）	胴体重（kg）	屠宰率（%）	净肉重（kg）	净肉率（%）
71.4 ± 2.3	36.0 ± 1.1	50.4 ± 1.9	30.9 ± 1.0	43.3 ± 1.5

注：2005年11月在呼伦贝尔市种羊场测定10只成年羯羊。

7. 苏尼特羊

苏尼特羊，又称戈壁羊，属肉脂兼用粗毛型绵羊地方品种。

（1）外貌特征。苏尼特羊体躯被毛为白色。体质结实，骨骼粗壮，结构匀称，体格较大；头大小适中、略显狭长，额较宽，鼻梁隆起，耳小、呈半下垂状。多数个体头顶毛发达。个别母羊有角基，部分公羊有角且粗壮。胸宽而深，肋骨开张良好，背腰宽平，体躯宽长、呈长方形，尻稍斜。后躯发达，大腿肌肉丰满，四肢强健，蹄质坚实。短脂尾，尾尖卷曲呈S形（图13、图14）。

图13　苏尼特羊公羊

（2）体重和体尺。苏尼特羊成年羊体重和体尺见表11。

（3）繁殖性能。苏尼特羊公、母羊5～7月龄性成熟，1.5周岁达到初配年龄。属季节性发情，多集中在9—11月。母羊发情周期15～19d，妊娠期144～158d；年平均产羔率113%，羔羊平均断奶成活率99%。羔羊平均初生重，公羔4.4kg，母羔3.9kg；羔羊平均断奶重，公羔36.2kg，母羔34.1kg。

图14　苏尼特羊母羊

表11　苏尼特羊成年羊体重和体尺

性别	数量（只）	体重（kg）	体高（cm）	体长（cm）	胸围（cm）	管围（cm）
公	46	82.2 ± 3.9	71.5 ± 2.4	83.3 ± 5.9	101.9 ± 5.8	7.8 ± 0.6
母	82	52.9 ± 4.8	63.9 ± 2.3	72.0 ± 4.5	87.4 ± 5.2	6.4 ± 0.6

注：2006年10月在苏尼特种羊场测定。

（4）产肉性能。苏尼特羊成年羯羊屠宰性能见表12。

表12　苏尼特羊成年羯羊屠宰性能

宰前活重（kg）	胴体重（kg）	内脏脂肪重（kg）	屠宰率（%）	净肉重（kg）	净肉率（%）	骨骼重（kg）	肉骨比
67.2 ± 1.6	36.5 ± 1.5	4.5 ± 0.5	54.3 ± 1.1	30.6 ± 1.1	45.6 ± 0.9	5.9 ± 0.4	（5.2 ± 0.3）：1

注：1996年在苏尼特种羊场测定10只成年羯羊。

苏尼特羊产肉性能好、瘦肉率高、脂肪含量低、蛋白含量高、膻味轻，为涮羊肉的上等原料。苏尼特羊羊肉品质见表13。

表13　苏尼特羊羊肉品质

羊别	水分（%）	干物质（%）	粗蛋白质（%）	粗脂肪（%）	粗灰分（%）	pH	肉色	失水率（%）
1.5岁羊	72.08 ± 1.00	27.92 ± 1.00	19.66 ± 0.75	3.87 ± 0.31	1.05 ± 0.04	6.48 ± 0.06	4.58 ± 0.08	13.87 ± 2.68
成年羊	73.29 ± 0.87	26.71 ± 0.87	19.11 ± 0.87	2.70 ± 0.60	1.02 ± 0.03	6.36 ± 0.05	5.00 ± 0.00	13.80 ± 0.00

注：1996年在苏尼特种羊场测定1.5岁羊和成年羊各6只。

8. 乌冉克羊

乌冉克羊属肉脂兼用型绵羊地方品种。

乌冉克羊中心产区位于内蒙古自治区锡林郭勒盟阿巴嘎旗北部地区的吉日嘎朗图、白音图嘎、青格勒宝力格、伊和高勒、额尔敦高毕等5个苏木。

为保护当地的生态环境，近10年来广大牧民根据草场面积和产草量，合理调整家畜的饲养量，乌冉克羊数量有所下降。目前存栏量约110万只。

图15　乌冉克羊公羊

（1）外貌特征。乌冉克羊体躯被毛为白色，头颈部多为有色毛，被毛厚密而多绒。体质结实，结构匀称，体格较大。头略小，额部较宽，鼻梁隆起，眼大而凸出，多数头顶毛长而密。部分羊有角，母羊角纤细，公羊角粗壮。四肢端正，蹄质坚硬。短脂尾，尾宽略大于尾长，呈圆形或椭圆形，肥厚而充实，尾中线有纵沟，尾尖细小、向上卷曲，紧贴于尾端纵沟（图15、图16）。

（2）体重和体尺。乌冉克羊成年羊体重和体尺见表14。

图16　乌冉克羊母羊

表14　乌冉克羊成年羊体重和体尺

性别	数量（只）	体重（kg）	体高（cm）	体长（cm）	胸围（cm）	管围（cm）
公	135	77.3 ± 10.6	71.3 ± 3.8	75.8 ± 4.7	101.9 ± 9.5	8.9 ± 0.7
母	328	60.2 ± 7.0	66.4 ± 2.8	71.5 ± 3.8	100.8 ± 5.2	8.8 ± 0.4

注：2006年10月在阿巴嘎旗畜牧工作站对阿巴嘎旗吉日嘎朗图苏木、白音图嘎苏木的乌冉克羊进行了测定。

（3）繁殖性能。乌冉克羊公、母羊5～6.5月龄性成熟，适配年龄平均2.5岁。母羊多集中在9—11月发情，发情周期17～18d，妊娠期平均150d；年平均产羔率113.48%，羔羊平均断奶成活率99.81%。羔羊平均初生重，公羔4.5kg，母羔3.97kg；平均断奶重，公羔36.42kg，母羔34.15kg。

（4）产肉性能。乌冉克羊屠宰性能见表15。

表15　乌冉克羊屠宰性能

羊别	数量（只）	宰前活重（kg）	胴体重（kg）	屠宰率（%）	净肉重（kg）	净肉率（%）
成年羯羊	5	82.5 ± 6.4	44.1 ± 3.7	53.5	40.5 ± 2.0	48.5
1.5岁羯羊	30	55.5 ± 6.8	28.6 ± 5.0	51.5	24.5 ± 4.8	44.1
羔羊	10	39.5 ± 8.7	19.7 ± 4.5	49.9	16.9 ± 4.2	42.8

注：2006年11月在阿巴嘎旗畜牧工作站对阿巴嘎旗吉日嘎朗图苏木、白音图嘎苏木的乌冉克羊进行了测定。

乌冉克羊具有多肋骨、多腰椎的形态学特征。2006年11月，阿巴嘎旗畜牧工作站对吉日嘎朗图、伊和高勒和额尔敦高毕3个苏木16个自然群、794只羊进行了调查，多肋（14对）羊有150只，占18.9%。

9. 乌珠穆沁羊

乌珠穆沁羊以生产优质羔羊肉著称，属肉脂兼用粗毛型绵羊地方品种。

乌珠穆沁羊原产于内蒙古自治区锡林郭勒盟东北部乌珠穆沁草原。主要分布于东乌珠穆沁旗、西乌珠穆旗、锡林浩特市、乌拉盖农牧场管理局等地。

近年来，随着市场对羊肉需求量的增多，乌珠穆沁羊群体数量迅速增加，截至2016年，内蒙古全区存栏量已达2 000万只，比1986年增加了1倍多。

图17 乌珠穆沁羊公羊

（1）外貌特征。乌珠穆沁羊体躯被毛为白色。头、颈、眼圈、嘴多为黑色。体格较大，体质结实。头大小适中，额宽，鼻梁微隆。大部分公羊有角且向前上方弯曲，呈螺旋形，母羊多数无角。体躯较长、呈长方形，后躯发良好，胸宽深，肋骨开张良好，背腰平直。四肢端正。短脂尾、大而短，尾中部有一纵沟，稍向上弯曲（图17、图18）。

（2）体重和体尺。乌珠穆沁羊成年羊体重和体尺见表16。

图18 乌珠穆沁羊母羊

表16 乌珠穆沁羊成年羊体重和体尺

性别	数量（只）	体重（kg）	体高（cm）	体长（cm）	胸围（cm）	管围（cm）
公	30	77.6 ± 6.4	72.9 ± 3.5	89.6 ± 6.5	108.2 ± 8.2	9.1 ± 1.0
母	40	59.3 ± 5.0	67.4 ± 2.6	78.3 ± 3.4	93.7 ± 4.3	7.9 ± 0.8

注：2006年8月在东乌珠穆沁旗测定。

（3）繁殖性能。乌珠穆沁羊公、母羊5～7月龄性成熟，初配年龄平均为18月龄。母羊多集中在9—11月发情，发情周期15～19d，发期持续期24～72h，妊娠期平均149d；年平均产羔率113%，羔羊断奶成活率99%。羔羊平均初生重，公羔4.4kg，母羔3.9kg；100日龄平均断奶重，公羔36.3kg，母羔34.1kg；哺乳期平均日增重，公羔320g，母羔300g。

（4）产肉性能。2006年10月，东乌珠穆沁旗组织专业技术人员对东乌珠穆沁旗的10只乌珠穆沁羊成年羯羊和6月龄羯羊进行了屠宰性能测定，结果见表17。

表17 乌珠穆沁羊羯羊屠宰性能

羊别	宰前活重（kg）	胴体重（kg）	屠宰率（%）	净肉重（kg）	净肉率（%）
成年羯羊	72.4 ± 1.8	37.7 ± 2.3	52.1 ± 2.0	33.3 ± 1.6	46 ± 1.3
6月龄羯羊	35.7	17.9	50.14	11.8	33.05

（5）产毛性能。乌珠穆沁羊被毛为异质毛，春毛平均产量，成年公羊1.9kg、成年母羊1.4kg，周岁公羊1.4kg、周岁母羊1.0kg。据测定，公羊被毛中无髓毛平均占46.34%、两型毛平均占1.63%、粗毛平均占21.43%、干死毛平均占30.6%，母羊分别为54.58%、2.68%、33.28%和9.46%。

10. 湖羊

湖羊是我国特有的白色羔皮用绵羊地方品种，是世界著名的多胎绵羊品种。

(1) 外貌特征。湖羊全身被毛为白色。体格中等，头狭长而清秀，鼻骨隆起，公、母羊均无角，眼大凸出，多数耳大、下垂。颈细长，体躯长，胸较狭窄，背腰平直，腹微下垂，四肢偏细而高。母羊尻部略高于鬐甲，乳房发达。公羊体型较大，前躯发达，胸宽深，胸毛粗长。属短脂尾，尾呈扁圆形，尾尖上翘。被毛异质，呈毛丛结构，腹毛稀而粗短，颈部及四肢无绒毛（图19、图20）。

图19 湖羊公羊　　　　　　　　　图20 湖羊母羊

(2) 体重和体尺。湖羊早期生长发育快，在正常的饲料条件和精心管理下，6月龄羔羊可达成年羊体重的70%以上，1周岁时可达成年羊体重的90%以上。湖羊成年羊、8～10月龄湖羊体重和体尺分别见表18、表19。

表18　湖羊成年羊体重和体尺

性别	数量（只）	体重（kg）	体高（cm）	体长（cm）	胸围（cm）	胸深（cm）	胸宽（cm）	尾宽（cm）	尾长（cm）
公	28	79.3 ± 8.7	76.8 ± 4.0	86.9 ± 7.9	102.0 ± 8.4	36.5 ± 4.0	28.0 ± 5.2	20.4 ± 3.5	20.2 ± 5.5
母	95	50.6 ± 5.6	67.7 ± 3.3	74.8 ± 3.7	89.4 ± 6.5	30.6 ± 2.9	23.1 ± 3.1	15.9 ± 3.2	17.2 ± 4.7

表19　8～10月龄湖羊体重和体尺

性别	数量（只）	体重（kg）	体高（cm）	体长（cm）	胸围（cm）	胸深（cm）	胸宽（cm）	尾宽（cm）	尾长（cm）
公	15	45.2 ± 3.6	67.9 ± 2.1	73.5 ± 2.3	81.2 ± 4.9	28.9 ± 1.2	21.6 ± 1.7	12.2 ± 1.5	13.6 ± 1.2
母	14	36.31 ± 2.68	64.2 ± 2.2	65.3 ± 2.3	79.0 ± 2.3	27.2 ± 0.9	20.6 ± 1.8	12.9 ± 1.1	13.1 ± 0.7

注：2007年1月在浙江杭州、嘉兴、湖州等地测定。

(3) 繁殖性能。湖羊性成熟早，公羊为5～6月龄，母羊为4～5月龄；初配年龄，公羊为8～10月龄，母羊为6～8月龄。母羊四季发情，以4—6月和9—11月发情较多，发情周期平均17d，妊娠期平均146.5d；繁殖力较强，一般每胎产羔2只以上，多的可达6～8只，经产母羊平均产羔率277.4%，一般2年产3胎。羔羊平均初生重，公羔3.1kg，母羔2.9kg；45日龄平均断奶重，公羔15.4kg，母羔14.7kg。羔羊平均断奶成活率96.9%。

11. 鲁中山地绵羊

鲁中山地绵羊俗称山匹子，属肉裘兼用型绵羊地方品种。

（1）外貌特征。鲁中山地绵羊被毛以白色居多，也有杂黑褐色者。体格较小，体躯略呈长方形。头大小适中、窄长、额较平，鼻梁隆起。有中、小两种耳形，呈直立状。公羊多为小型盘角或螺旋状角，母羊多数无角或有小姜角。胸部较窄，肋骨开张，背腰平直，尻稍斜。后躯稍高，骨骼粗壮、结实，肌肉发育适中，四肢粗短，蹄质坚硬。属短脂尾，尾形不一，尾根圆肥，尾尖多呈弯曲状（图21、图22）。

图21 鲁中山地绵羊公羊

（2）体重和体尺。鲁中山地绵羊成年羊体重和体尺见表20。

（3）繁殖性能。鲁中山地绵羊母羊一般6～7月龄开始发情。初配年龄，公羊11～12月龄，母羊8～9月龄。母羊发情周期平均18d，妊娠期平均152d；年平均产羔率115%，羔羊平均断奶成活率94%。羔羊平均初生重，公羔1.9～2.5kg，母羔1.6～2.2kg；90日龄平均断奶重，公羔14.2kg，母羔13.5kg；哺乳期平均日增重，公羔131g，母羔125g。

图22 鲁中山地绵羊母羊

表20 鲁中山地绵羊成年羊体重和体尺

性别	数量（只）	体重（kg）	体高（cm）	体长（cm）	胸围（cm）
公	43	39.9±5.9	61.5±4.5	65.4±3.9	79.4±5.9
母	100	35.5±5.9	58.4±3.0	61.2±3.4	73.9±4.3

注：2007年由山东省济南市平阴县畜牧局测定。

（4）产肉性能。鲁中山地绵羊屠宰性能见表21。

表21 鲁中山地绵羊屠宰性能

性别	宰前活重（kg）	胴体重（kg）	屠宰率（%）	净肉率（%）	肉骨比
公	44.0±5.2	23.4±2.8	53.18±2.3	39.6±2.6	（3.3±0.5）：1
母	35.0±4.18	17.2±2.2	49.14±2.6	40.4±2.5	（4.2±0.5）：1

注：2007年由山东省济南市平阴县畜牧局测定公、母羊各8只。

（5）产毛性能。鲁中山地绵羊一年剪毛2次，4月底至5月初剪春毛，8月底至9月初剪秋毛。年平均剪毛量，成年公羊2.4kg，成年母羊2.1kg。羊毛平均长度，春毛为9～11cm，秋毛为6～7cm。鲁中山地绵羊产毛量和羊毛品质测定结果见表22。

表22 鲁中山地绵羊产毛量和羊毛品质测定结果

性别	剪毛量（kg）	净毛率（%）	纤维类型重量百分比（%）			
			有髓毛	正常有髓毛	两型毛	干死毛
公	2.4±0.5	61.3±8.5	55.0±7.2	171±5.3	24.5±3.8	3.4±1.9
母	2.1±0.7	64.4±7.5	53.7±5.1	16.9±4.1	25.8±3.9	3.6±1.7

注：2007年由山东省济南市平阴县畜牧局测定公、母羊各43只。

12. 泗水裘皮羊

泗水裘皮羊属裘肉兼用型绵羊地方品种。

泗水裘皮羊的中心产区在山东省中部泗水县的中册镇、高峪乡、泉林镇、泗张镇、苗馆镇、圣水峪等乡镇，在曲阜、邹城一带也有分布。

近十几年来，随着社会经济的发展，市场上裘皮需求量大幅度减少，羊肉需求量大大增加，使该品种羊的裘皮品质有所下降，体尺、体重有明显增加。由于泗水裘皮羊繁殖率较低，肉用价值开发利用滞后，近些年来饲养数量呈逐年下降趋势。

图23 泗水裘皮羊公羊

（1）外貌特征。泗水裘皮羊被毛大部分为全白色，少数有黑褐色斑块。体躯略呈长方形，后躯稍高，骨骼健壮，结构匀称，肌肉丰满。头形略显狭长，面部清秀，鼻骨隆起。公羊大多有螺旋形角，个别羊有4个角；母羊少数有小姜角。耳形分大、中、小3种，大耳长，呈下垂状；中耳向两侧伸直；小耳数量较少，仅能看到耳根。颈细长，背腰平直，四肢较短而结实。被毛主要由两型毛及细的有髓毛组成，无髓毛较少。属短脂尾，尾尖先

图24 泗水裘皮羊母羊

向上卷再向下垂。羔羊出生至6月龄，体躯有弯曲明显的毛丛（图23、图24）。

（2）体重和体尺。泗水裘皮羊成年羊体重和体尺见表23。

表23 泗水裘皮羊成年羊体重和体尺

性别	数量（只）	体重（kg）	体高（cm）	体长（cm）	胸围（cm）	胸宽（cm）	胸深（cm）
公	97	48.4 ± 7.3	68.1 ± 5.9	70.7 ± 7.4	85.0 ± 4.3	23.9 ± 2.5	33.6 ± 3.3
母	407	45.7 ± 6.0	65.6 ± 2.5	68.6 ± 4.2	84.2 ± 5.3	21.0 ± 1.9	32.0 ± 3.1

注：2007年2月由泗水县畜牧局在泗水县苗馆镇、泉林镇、泗张镇、高峪镇、中册镇测定。

（3）繁殖性能。泗水裘皮羊10～12月龄性成熟，公、母羊12月龄开始初配。母羊多在春季发情，发情周期18～20d，妊娠期149～155d，平均产羔率100.7%。羔羊平均初生重3.5kg，平均断奶重20kg，哺乳期日增重160～180g；羔羊平均断奶成活率95%。

（4）产肉性能。泗水裘皮羊周岁羊屠宰性能见表24。

表24 泗水裘皮羊周岁羊屠宰性能

性别	宰前活重（kg）	胴体重（kg）	屠宰率（%）	净肉率（%）	肉骨比
公	40.9 ± 2.5	19.3 ± 1.7	47.2 ± 1.7	35.4 ± 1.5	3.6∶1
母	38.6 ± 2.3	17.9 ± 1.6	46.4 ± 2.0	34.3 ± 1.8	3.4∶1

注：2007年3月由泗水县畜牧局测定农户饲养的周岁公、母羊各15只。

（5）产毛性能。泗水裘皮羊1年剪毛3次，即春毛、伏毛和秋毛。春毛品质最好、产量高，约占全年产毛量的50%以上，秋毛次之，伏毛最差。年平均剪毛量，成年公羊1.4～2.4kg，成年母羊1～2.1kg。

13. 洼地绵羊

洼地绵羊属肉毛兼用型绵羊地方品种，又称方尾羊。洼地绵羊母羊是国内外罕见的四乳头母羊。

（1）外貌特征。洼地绵羊被毛多为白色，少数个体头部有黑褐色斑点。体躯呈长方形，体质结实，结构匀称，肌肉发育适中。头大小适中，公、母羊均无角，鼻梁微隆起，耳大稍下垂。公羊颈粗壮，母羊颈细长。背腰平直，发育良好，前胸较窄，后躯发达。四肢较短，蹄质坚硬。属短脂尾，脂尾肥厚呈方圆形，尾沟明显，尾尖上翻，紧贴在尾沟中，尾长不过飞节，尾宽大于尾长，尾稍向内上方卷曲（图25、图26）。

图25　洼地绵羊公羊　　　　　　　图26　洼地绵羊母羊

（2）体重和体尺。洼地绵羊成年羊体重和体尺见表25。

表25　洼地绵羊成年羊体重和体尺

性别	体重（kg）	体高（kg）	体长（cm）	胸围（cm）	尾长（cm）	尾宽（cm）
公	63.9	70.4	75.0	92.7	22.0	17.7
母	42.1	63.0	67.2	83.0	18.8	15.5

（3）繁殖性能。洼地绵羊一般3.5～4月龄性成熟。初配年龄，公羊8～10月龄，母羊3.5～4月龄。母羊常年发情，发情周期14～23d，妊娠期138～161d；平均产羔率，初产母羊194.7%，经产母羊243.8%。羔羊平均初生重，公羔3.2kg，母羔为2.8kg；平均断奶重，公羔19.98kg，母羔18.50kg；哺乳期平均日增重210g，羔羊平均断奶成活率95%。

（4）产肉性能。洼地绵羊在常年以放牧为主的饲养条件下，周岁公羊平均宰前活重（42.8±3.0）kg，胴体重（20.6±1.3）kg，净肉重（17.0±1.0）kg，骨骼重（3.6±0.4）kg，屠宰率（48.1＋1.1）%，净肉率（39.7±2.4）%，肉骨比4.7：1。

（5）产毛性能。洼地绵羊每年春、秋剪毛2次，年产毛量，成年公羊（2.1±0.3）kg，成年母羊（1.9±0.4）kg；平均净毛率，公羊61.8%，母羊56.1%。属异质型被毛，毛被纤维类型中无髓毛、有髓毛、两型毛及干死毛比例，公羊分别为51.8%、25.6%、17.8%和4.8%；母羊分别为48.9%、20.1%、29.2%和1.8%。有髓毛纤维直径，公羊（71.2±21.0）μm，母羊（70.3±22.8）μm。

洼地绵羊被毛洁白、花穗明显，是制裘的好原料。其板皮致密、结实、柔软、富有弹性，可用于制革。

14. 小尾寒羊

小尾寒羊属肉裘兼用型绵羊地方品种，具有成熟早、繁殖力强、遗传性稳定等特性。

(1) 外貌特征。小尾寒羊被毛为白色，极少数羊眼圈、耳尖、两颊或嘴角以及四肢有黑褐色斑点。体质结实，体格高大，结构匀称，骨骼结实，肌肉发达。头清秀，鼻梁稍隆起，眼大有神，嘴宽而齐，耳大下垂。公羊有较大的三菱形螺旋状角，母羊半数有小角或角基。公羊颈粗壮，母羊颈较长。公羊前胸较宽深，鬐甲高，背腰平直，前后躯发育匀称，侧视略呈方形。母羊胸部较深，腹部大而不下垂；乳房容积大，基部宽广，质地柔软，乳头大小适中。四肢高而粗壮有力，蹄质坚实。属短脂尾，尾呈椭圆扇形，下端有纵沟，尾尖上翻（图27、图28）。

图27　小尾寒羊公羊　　　　　　　　图28　小尾寒羊母羊

(2) 体重和体尺。小尾寒羊成年羊体重和体尺见表26。

表26　小尾寒羊成年羊体重和体尺

省份	性别	数量（只）	体重（kg）	体高（cm）	体长（cm）	胸围（cm）	尾长（cm）	尾宽（cm）
山东	公	40	103.9 ± 25.7	95.2 ± 7.1	103.3 ± 9.1	119.0 ± 10.2	17.6 ± 1.8	17.1 ± 2.1
	母	60	64.4 ± 8.4	83.7 ± 3.0	90.9 ± 7.0	106.0 ± 6.0	14.9 ± 0.7	14.7 ± 0.6
河北	公	11	63.5 ± 12.4	79.0 ± 4.5	79.4 ± 5.6	91.6 ± 6.7	32.4 ± 2.4	17.6 ± 4.8
	母	69	53.8 ± 8.6	72.5 ± 5.4	74.1 ± 5.9	88.6 ± 6.1	31.7 ± 3.3	16.6 ± 7.0
河南	公	40	113.3 ± 7.8	99.9 ± 10.1	99.3 ± 11.9	130.0 ± 15.0	29.0 ± 2.0	24.0 ± 2.0
	母	60	65.9 ± 6.8	82.4 ± 4.4	83.5 ± 6.2	104.0 ± 12.0	22.0 ± 2.0	17.0 ± 2.0

注：2006年10月至2007年2月在河北威县、大名、南宫，山东梁山、嘉祥等县（市）和河南省的一些县（市）测定。

(3) 繁殖性能。小尾寒羊性成熟早，公羊6月龄性成熟，母羊5月龄即可发情，当年可产羔。初配月龄，公羊为12月龄，母羊为6～8月龄。母羊常年发情，但以春、秋季较为集中；发情周期平均16.8d，发情持续期平均29.4h，妊娠期平均148.5d；年平均产羔率267.1%，羔羊平均断奶成活率95.5%。绝大部分母羊1年产2胎，每胎产2羔者非常普遍，三四羔也常见，最高可产7羔，且随胎次的增加而提高。

15. 大尾寒羊

大尾寒羊属肉脂兼用型绵羊地方品种。

大尾寒羊原产于河北东南部、山东聊城市及河南新密市一带。主要分布于河南省平顶山市的郏县和宝丰县，河北省的威县、馆陶、邱县、大名，山东省聊城市的临清、冠县、高唐、茌平和德州市的夏津等地。

大尾寒羊具有毛被同质、裘皮品质好和脂尾大等特点。自20世纪60年代以来，受杂交改良的影响，群体数量锐减。

（1）**外貌特征**。大尾寒羊被毛为白色。体躯呈长方形，体质结实，体格较大。头大小适中，额较宽，鼻梁隆起，耳宽长。公羊多有螺旋形大角，母羊角呈姜形，部分公、母羊无角。颈中等长，鬐甲低平，后躯较高，胸宽深，肋骨开张良好，背腰平直，尻倾斜。四肢粗壮，蹄质坚实。属长脂尾，脂尾肥大、呈芭蕉扇形，下垂至飞节以下，个别拖至地面，桃形尾尖紧贴于尾沟、呈上翻状（图29、图30）。

图29　大尾寒羊公羊

图30　大尾寒羊母羊

（2）**体重和体尺**。大尾寒羊成年羊体重和体尺见表27。

表27　大尾寒羊成年羊体重和体尺

省份	性别	数量（只）	体重（kg）	体高（cm）	体长（cm）	胸围（cm）	尾长（cm）	尾宽（cm）
河北	公	12	70.38 ± 19.6	74.2 ± 6.2	76.2 ± 6.0	90.6 ± 14.1	62.3 ± 3.8	32.2 ± 9.1
	母	33	60.24 ± 9.2	67.7 ± 3.1	69.3 ± 5.0	91.0 ± 7.8	55.3 ± 2.6	30.0 ± 9.3
河南	公	31	74.0 ± 14.1	85.0 ± 11.5	83.0 ± 8.6	91.9 ± 13.2	35.7 ± 5.4	32.3 ± 4.9
	母	150	58.0 ± 6.9	71.0 ± 6.1	75.0 ± 8.3	88.0 ± 9.4	32.0 ± 5.9	29.6 ± 5.3

注：2006年12月在河北馆陶、邱县及河南郏县等县（市）测定。

（3）**繁殖性能**。大尾寒羊公羊6～8月龄、母羊5～7月龄性成熟；初配年龄，公羊18～24月龄、母羊10～12月龄。母羊常年发情，发情周期18～21d，妊娠期145～150d；1年产2胎或2年产3胎者居多，以河南大尾寒羊产羔率和羔羊断奶成活率最高，分别为205%和99%。

16. 太行裘皮羊

太行裘皮羊属裘皮型绵羊地方品种。

太行裘皮羊中心产区位于河南省安阳市的汤阴县，在太行山东麓沿京广铁路两侧的安阳县、龙安区，新乡市的辉县、卫辉市，鹤壁市的淇县等地区均有分布。

（1）外貌特征。太行裘皮羊被毛全白者占90%以上，头及四肢有色毛者不足10%。体质结实，体格中等。属长脂尾，多数垂至飞节以下，尾根宽厚，尾尖细圆，多呈S状弯曲（图31、图32）。

（2）体重和体尺。太行裘皮羊成年羊体重和体尺见表28。

（3）繁殖性能。太行裘皮羊母羊5～6月龄性成熟。初配年龄，公、母羊分别在12月龄和7月龄。母羊常年发情，发情周期14～21d，发情持续期平均48h，妊娠期平均150d；年平均产羔率130.58%。羔羊初生重，公羔3.5～4kg，母羔3～3.5kg；2～3月龄断奶重，公羔20～25kg，母羔15～20kg；哺乳期平均日增重，公羔220g，母羔200g。

图31　太行裘皮羊公羊

图32　太行裘皮羊母羊

表28　太行裘皮羊成年羊体重和体尺

性别	数量（只）	体重（kg）	体高（cm）	体长（cm）	胸围（cm）	胸宽（cm）	胸深（cm）	尾宽（cm）	尾长（cm）
公	20	51.3±14.5	62.6±4.3	70.4±5.9	88.0±7.4	21.4±2.5	31.5±2.8	19.7±2.9	44.4±4.9
母	80	49.5±9.4	60.3±3.0	69.5±4.7	88.5±6.6	22.6±2.2	32.6±2.8	18.2±1.9	40.6±4.4

注：2006年11月由安阳市畜禽改良站在安阳县、汤阴县测定。

（4）裘皮品质。太行裘皮羊30～45日龄屠宰所取的裘皮称"二毛皮"。毛股弯曲大小、弯曲形状不同，形成的花穗也不同。共分4个类型，第一为麦穗花，毛股紧，根部柔软，靠根部1/3～1/2处有浅弯2～4个，上部有3～7个小弯曲，形似麦穗；第二为粗毛大花，又称沙毛花，纤维较粗，弯曲大而较少，多集中于毛股顶部；第三为绞花，毛股弯曲呈螺旋形上升，纤维匀细，手感柔软；第四为盘花，毛股呈平圆形重叠状。秋剪皮毛股的光泽、弹性、拉力性能好。皮板稍厚，制成的衣料美观、保暖、耐磨，比较轻巧。

太行裘皮羊皮张品质见表29。

表29　太行裘皮羊皮张品质

性别	鲜皮重（kg）	皮张长度（cm）	皮张宽度（cm）	皮张厚度（cm）
公	4.5±0.5	120.3±4.5	87.4±5.2	0.4±0.1
母	3.3±0.3	106.9±6.3	80.6±6.1	0.4±0.0

注：由安阳市畜禽改良站测定。

17. 豫西脂尾羊

豫西脂尾羊属肉皮兼用型绵羊地方品种。

（1）**外貌特征**。豫西脂尾羊被毛以白色为主，少数羊的脸、耳有黑斑。体格中等，体质结实。头大小中等，鼻梁稍隆起，额宽平，耳下垂。成年公羊多有螺旋形角，母羊多无角。颈肩结合较好。体躯长而深，胸部宽深，肋骨开张较好，腹大而圆，背腰平直，尻宽略斜。四肢短而健壮，蹄质坚实、呈蜡黄色。为短脂尾，成年公羊脂尾大、近似方形，母羊尾为方圆形，尾尖紧贴尾沟，将尾分为两瓣（图33、图34）。

图33 豫西脂尾羊公羊

图34 豫西脂尾羊母羊

（2）**体重和体尺**。豫西脂尾羊体重和体尺见表30。

表30 豫西脂尾羊体重和体尺

性别	年龄	数量（只）	体重（kg）	体高（cm）	体长（cm）	胸围（cm）	胸宽（cm）	胸深（cm）
公	1周岁	6	50.5 ± 12.5	73.2 ± 5.0	72.5 ± 5.3	93.3 ± 3.8	26.0 ± 1.4	32.5 ± 3.6
	成年	10	67.5 ± 13.5	80.2 ± 3.6	87.9 ± 8.8	99.0 ± 16.3	36.7 ± 1.0	49.7 ± 1.0
母	1周岁	6	48.5 ± 10.3	67.8 ± 3.8	67.8 ± 7.9	91.2 ± 7.7	20.0 ± 2.3	25.0 ± 2.3
	成年	36	40.0 ± 4.5	66.8 ± 4.1	78.9 ± 5.8	91.7 ± 2.9	24.0 ± 2.4	29.0 ± 2.3

注：由河南省畜牧局提供。

（3）**繁殖性能**。豫西脂尾羊5～7月龄性成熟。初配年龄，公羊12～18月龄，母羊8～10月龄。母羊发情多集中在3—4月和10—11月，发情周期18～20d，妊娠期平均150d；多2年产3胎，年平均产羔率106%，羔羊平均断奶成活率98%。羔羊平均初生重，公羔2.5kg，母羔2.5kg。

（4）**产肉性能**。豫西脂尾羊屠宰性能见表31。

表31 豫西脂尾羊屠宰性能

性别	数量（只）	宰前活重（kg）	胴体重（kg）	屠宰率（%）	净肉重（kg）	净肉率（%）	肉骨比
公	15	56.5 ± 2.3	26.1 ± 1.3	46.2 ± 0.0	21.7 ± 1.0	38.4 ± 0.3	4.9 : 1
母	19	41.6 ± 3.2	21.4 ± 4.6	51.4 ± 0.7	17.0 ± 0.7	40.8 ± 0.5	4.7 : 1

注：由河南省畜牧局提供。

18. 威宁绵羊

威宁绵羊为藏系山谷型粗毛羊，属毛肉兼用型绵羊地方品种。

（1）外貌特征。威宁绵羊被毛主要为白色，少数为黑色和花色；耳、脸、唇及四肢下部多有黑色、黄褐色斑点；少数背、腰部有黑、褐色。结构紧凑，体格中等。头部呈三角形、大小适中，额平，鼻梁隆起，耳小、平伸。公羊多数有角，多为半圆形角，少数为螺旋形角；母羊多为退化的小角，角呈褐色。颈部呈圆筒状，稍长而细。体躯呈圆筒状、前低后高，肋开张，腰欣丰满，背腰平直，臀部略倾斜。四肢骨骼较细，腿较长，蹄呈蜡黄色。为短瘦尾（图35、图36）。

图35　威宁绵羊公羊　　　　　　　　图36　威宁绵羊母羊

（2）体重和体尺。威宁绵羊成年羊体重和体尺见表32。

表32　威宁绵羊成年羊体重和体尺

性别	数量（只）	体重（kg）	体高（cm）	体长（cm）	胸围（cm）	胸宽（cm）	胸深（cm）	尾宽（cm）	尾长（cm）
公	14	34.6 ± 8.5	59.3 ± 6.2	5.70 ± 6.0	72.5 ± 10.8	20.52 ± 2.01	30.13 ± 2.71	4.67 ± 0.72	22.33 ± 3.08
母	32	32.5 ± 6.3	58.7 ± 5.0	57.9 ± 5.8	72.8 ± 7.3	20.41 ± 1.99	29.52 ± 2.01	4.47 ± 0.79	21.75 ± 2.97

注：2005年在威宁县、六盘水市盘县测定。

（3）繁殖性能。威宁绵羊7月龄性成熟，初配年龄为10月龄。母羊秋季发情，发情周期平均20d，妊娠期平均150d，产单羔。羔羊平均初生重2.14kg，120日龄平均断奶重13.82kg。羔羊平均断奶成活率86.32%。

（4）产毛性能。威宁绵羊被毛为异质，密度差、油汗少，外层为粗毛和两型毛、少弯曲，内层为绒毛。被毛中普遍有干死毛，毛质较差。一般年剪毛3次。年平均产毛量，公羊1.32kg、母羊0.685kg。毛丛平均长度，公羊6.9cm、母羊5.75cm。

（5）产肉性能。威宁绵羊屠宰性能见表33。

表33　威宁绵羊屠宰性能

性别	年龄（岁）	数量（只）	宰前活重（kg）	胴体重（kg）	屠宰率（%）	净肉重（kg）	净肉率（%）
公	3～5	5	29.10 ± 5.48	14.41 ± 2.42	49.52 ± 5.90	10.36 ± 1.98	35.60 ± 4.28
母	3～4	4	25.25 ± 1.26	12.60 ± 0.51	49.90 ± 4.03	9.40 ± 0.86	37.22 ± 4.88
平均值			27.10 ± 4.29	13.17 ± 2.33	48.60 ± 6.03	9.57 ± 1.86	35.03 ± 5.17

19. 迪庆绵羊

迪庆绵羊属短毛型山地粗毛绵羊地方品种。

迪庆绵羊主产于云南省迪庆藏族自治州香格里拉县建塘镇、小中甸镇、格咱乡、洁吉乡、三坝乡、虎跳峡镇，德钦县奔子栏镇、升平镇的高原坝区和高寒山区、半山区，在迪庆藏族自治州全州河谷半山区有零星分布。

迪庆绵羊属藏羊系，主要通过活畜交易流动和不断选留种羊繁育形成，体型及毛质与西藏羊有很多相似之处。

产地自1958年先后引进高加索羊、罗姆尼羊、苏联美利奴羊、考力代羊、新疆细毛羊、东北细毛羊等进行杂交改良。2019年，全州存栏绵羊6.4万只，其中能繁母羊3.25万只、种用公羊0.10万只，80%含有外血。目前，迪庆绵羊处于濒危–维持状态。

（1）**外貌特征**。迪庆绵羊被毛以黑褐色、黑白花、白色为主，头、四肢黑褐色、身白色次之。被毛较短，毛质较粗，异质毛含量较高。体格较小，头深，额宽平，鼻梁稍凸，耳小、平伸。公、母羊均有角，公羊角大，呈粗螺旋状、镰刀状；母羊角小，多为姜角，稍圆。颈短细，体躯短圆，背腰平直，尻小、稍斜。四肢粗短，蹄小圆、结实，呈黑褐色，偶见蜡黄色。尾短、瘦小，呈叶形（图37、图38）。

图37　迪庆绵羊公羊　　　　　　　　　图38　迪庆绵羊母羊

（2）**体重和体尺**。成年羊平均体重25.0kg，体高61.1cm，体斜长69.5cm，胸围80.7cm。

（3）**繁殖性能**。迪庆绵羊公羊1～1.5岁性成熟，1.5～2岁初配；母羊1岁性成熟，1.5岁可配种产羔。一般高寒地区母羊6—9月发情配种，半山区5—6月和10—11月发情配种，一般多1年产1羔，也有的2年产3羔。母羊发情周期平均15d，妊娠期平均150d，年产羔平均0.95只。羔羊平均初生重2.7kg（1.9～3.4kg），羔羊平均断奶成活率80%。

（4）**产毛性能**。迪庆绵羊年产毛量1.3～2.0kg，羊毛自然长度10～13cm。

（5）**产肉性能**。迪庆绵羊屠宰性能见表34。

表34　迪庆绵羊屠宰性能

性别	宰前活重（kg）	胴体重（kg）	屠宰率（%）	净肉率（%）	大腿肌肉厚度（cm）	腰部肌肉厚度（cm）	眼肌面积（cm²）	肉骨比
公	24	10.56	44.00	32.42	5.31	2.88	6.11	2.8：1
母	22	10.10	45.91	34.14	5.28	3.21	6.23	2.9：1

20. 兰坪乌骨绵羊

兰坪乌骨绵羊为以产肉为主的绵羊地方品种。

(1) **外貌特征**。乌骨绵羊头狭长，鼻梁微隆，耳大、向两侧平伸。公、母羊多数无角，少数羊有角，角呈半螺旋状向两侧后弯。胸深宽，背腰平直，体躯较长。四肢长而粗壮有力。尾短小，呈圆锥形。被毛为异质粗毛，头及四肢覆盖差。依毛色不同分为3种类型：全身黑毛者占43%；体躯为白毛，颜面、腹部及四肢有少量黑毛者占49%左右；被毛为黑白花者占8%。

乌骨绵羊眼结膜呈褐色，腋窝皮肤呈紫色，口腔黏膜、犬齿和肛门呈乌色。解剖后可见骨膜、肌肉、气管、肝、肾、胃网膜、肠系膜和皮下等呈乌色。随年龄增长，不同组织器官黑色素沉积顺序和程度有所不同（图39、图40）。

图39 兰坪乌骨绵羊公羊

图40 兰坪乌骨绵羊母羊

(2) **体重和体尺**。兰坪乌骨绵羊体重和体尺见表35。

表35 兰坪乌骨绵羊体重和体尺

性别	数量（只）	体重（kg）	体高（cm）	体长（cm）	胸围（cm）	尾长（cm）	尾宽（cm）
公	20	47.0 ± 9.53	66.5 ± 5.8	71.0 ± 5.53	84.8 ± 4.5	19.7 ± 0.78	3.1 ± 0.38
母	80	37.3 ± 5.4	62.7 ± 8.01	68.4 ± 5.59	78.46 ± 9.41	18.2 ± 1.41	2.8 ± 3.5

注：在龙潭、弩弓、桃树、金竹和福登5个村测定。

(3) **繁殖性能**。兰坪乌骨绵羊性成熟年龄，公羊8月龄、母羊7月龄。初配年龄，公羊13月龄、母羊12月龄。母羊秋季发情，发情周期平均18d，发情期持续期平均30h，妊娠期平均152d；多数母羊年产1胎，其中单羔占91.5%、双羔占8.5%；部分母羊2年产3胎，平均产羔率103.48%。羔羊平均初生重2.5kg左右，羔羊平均断奶成活率88.52%。

(4) **产毛性能**。兰坪乌骨绵羊每年春秋两季各剪毛1次，年剪毛量，公羊0.8～1.0kg，母羊0.7～0.8kg。

(5) **产肉性能**。兰坪乌骨绵羊屠宰性能见表36。

表36 兰坪乌骨绵羊屠宰性能

性别	数量（只）	宰前活重（kg）	胴体重（kg）	屠宰率（%）	净肉率（%）	腰部肌肉厚（cm）	大腿肌肉厚（cm）	眼肌面积（cm²）	肉骨比
公	15	46.3 ± 1.32	22.76 ± 0.66	49.2 ± 1.62	40.9 ± 1.06	3.49 ± 0.82	4.58 ± 0.29	15.2 ± 0.51	4.95 : 1
母	15	36.26 ± 2.82	15.75 ± 1.78	43.4 ± 1.78	36.0 ± 1.75	3.39 ± 0.12	4.17 ± 1.15	13.92 ± 0.92	4.87 : 1

21. 宁蒗黑绵羊

宁蒗黑绵羊属肉毛兼用型绵羊地方品种。

（1）**外貌特征。** 宁蒗黑绵羊全身被毛为黑色，额顶有白斑（头顶一枝花）者占76.40%，尾、四肢蹄缘为白色者占66.5%，被毛异质。体格较大，结构匀称。头稍长，额宽、微凹，鼻隆起，耳大、前伸。公羊有粗壮的螺旋形角，母羊一般无角或仅有姜角。颈部长短适中，体躯近长方形，胸宽深，背腰平直，腹大充实，尻部匀称。四肢粗壮结实，蹄质坚实、呈黑色。尾细而稍长（图41、图42）。

图41　宁蒗黑绵羊公羊　　　　　图42　宁蒗黑绵羊母羊

（2）**体重和体尺。** 宁蒗黑绵羊体重和体尺见表37。

表37　宁蒗黑绵羊体重和体尺

性别	数量（只）	体重（kg）	体高（cm）	体长（cm）	胸围（cm）	尾长（cm）	尾宽（cm）
公	20	42.55 ± 5.77	64.63 ± 3.34	67.95 ± 3.19	83.13 ± 7.66	20.03 ± 2.61	4.38 ± 0.89
母	80	37.84 ± 3.15	61.76 ± 3.42	65.88 ± 4.00	79.13 ± 6.62	19.19 ± 2.18	3.90 ± 0.82

注：2006年11月在西川乡的沙力和跑马坪乡的跑马坪、二村、沙力坪测定。

（3）**繁殖性能。** 宁蒗黑绵羊公羊7月龄左右性成熟，初配年龄为12～18月龄；母羊初情期在6月龄左右，12月龄配种。母羊多春秋两季发情，6—9月配种，发情周期16～19d，发情持续期24～72h，妊娠期（150±5）d；1年产1胎，单羔，繁殖率平均95.75%。羔羊初生重，公羔（3.20±0.70）kg，母羔（2.70±0.62）kg；4月龄断奶重，公羔（14.76±2.25）kg，母羔（13.52±1.80）kg。羔羊平均断奶成活率81.50%。

（4）**产毛性能。** 宁蒗黑绵羊每年春（4月）秋（10月）各剪毛1次。年平均产毛量，公羊0.91kg，母羊0.55kg，被毛较细，为异质毛。

（5）**产肉性能。** 宁蒗黑绵羊屠宰性能见表38。

表38　宁蒗黑绵羊屠宰性能

性别	数量（只）	宰前活重（kg）	胴体重（kg）	屠宰率（%）	净肉率（%）	肉骨比
公	15	35.41 ± 4.72	15.74 ± 2.03	44.45	35.47	3.95：1
母	15	35.81 ± 2.72	16.16 ± 1.62	45.13	34.87	3.40：1

注：2007年7月对12月龄以上公、母羊进行测定。

22. 石屏青绵羊

石屏青绵羊属肉毛兼用型绵羊地方品种。

（1）外貌特征。石屏青绵羊体质结实，体格中等，结构匀称，近于长方形。头大小适中，额宽、呈三角形，鼻梁隆起，耳小、灵活、不下垂。公、母羊绝大多数无角，少数有角，呈倒八字形、灰黑色。颈长短适中，胸宽深，肋微拱起，背腰平直，尻部稍斜，后躯稍高。四肢细长，蹄质坚实、多为黑色。尾短而细。

毛被覆盖良好，颈、背、体侧被毛以青色为主，占85%，棕褐色占15%。头部、腹下、前肢腕关节以下、后肢飞节以下毛短而粗，为黑色刺毛（图43、图44）。

图43　石屏青绵羊公羊　　　　　　　　　图44　石屏青绵羊母羊

（2）体重和体尺。石屏青绵羊体重和体尺见表39。

表39　石屏青绵羊体重和体尺

性别	数量（只）	体重（kg）	体高（cm）	体长（cm）	胸围（cm）	胸宽（cm）	胸深（cm）	管围（cm）	尾长（cm）	尾宽（cm）
公	26	35.8 ± 2.5	61.49 ± 5.6	63.57 ± 6.9	79.8 ± 6.6	21.51 ± 2.23	30.26 ± 3.26	8.14 ± 0.58	18.60 ± 2.74	4.19 ± 0.87
母	30	33.8 ± 3.6	60.9 ± 4.2	61.3 ± 6.21	78.2 ± 5.0	20.22 ± 2.07	29.86 ± 3.19	7.74 ± 0.45	18.65 ± 2.01	3.69 ± 0.75

注：2006年在龙武、龙朋、哨冲3个乡测定。

（3）繁殖性能。石屏青绵羊公、母羊7～8月龄性成熟，初配年龄为16～18月龄。公、母羊混群放牧，自由交配，公、母羊比例1∶15左右。母羊发情以春季较为集中，发情周期16～24d，发情持续期24～48h，妊娠期145～157d；多于5—6月配种，10—11月产羔，平均产羔率95.8%。羔羊平均断奶成活率95.5%。

（4）生产性能。石屏青绵羊1年剪毛2次。年产毛量，公羊（0.74 ± 0.05）kg，母羊（0.47 ± 0.03）kg。羊毛自然长度（7.41 ± 0.45）cm。

（5）产肉性能。石屏青绵羊屠宰性能见表40。

表40　石屏青绵羊屠宰性能

性别	数量（只）	宰前活重（kg）	胴体重（kg）	屠宰率（%）	净肉重（kg）	净肉率（%）	肉骨比
公	15	32.32 ± 5.54	13.21 ± 2.22	40.87 ± 5.31	10.16 ± 1.72	31.43 ± 4.72	3.33∶1
母	15	29.82 ± 4.41	11.81 ± 2.19	39.60 ± 4.97	8.89 ± 1.92	9.80 ± 5.53	3.04∶1

注：2006年12月由红河州畜牧兽医站、石屏县畜牧局测定。

23. 腾冲绵羊

腾冲绵羊属肉毛兼用型绵羊地方品种。

腾冲绵羊产于云南省腾冲县北部，中心产区为腾冲县明光、滇滩、固东3个乡镇，分布于明光、滇滩、固东、界头、猴桥、中和等乡镇。

受引进羊杂交改良及其他因素的影响，腾冲绵羊群体数量逐年减少，2019年年底存栏量6 640只，加上缺乏系统选育，近亲交配现象严重，该羊体格变小，品质有所退化，处于维持状态。

（1）外貌特征。腾冲绵羊体格高大，体躯较长，体质结实。头深，额短，耳窄长，鼻梁隆起，公、母羊均无角。颈细长，鬐甲高而狭窄，背平直，肋骨略拱，胸部欠宽，臀部窄而略倾斜，腹线呈弧形。尾呈长锥形，长21～30cm。四肢粗壮，肌肉发育适中。头、四肢、体躯的毛为全白色者占20%，头和四肢的毛为花色斑块者占80%（图45、图46）。

图45 腾冲绵羊公羊

图46 腾冲绵羊母羊

（2）体重和体尺。腾冲绵羊体重和体尺见表41。

表41 腾冲绵羊体重和体尺

性别	数量（只）	体重（kg）	体高（cm）	体长（cm）	胸围（cm）	胸宽（cm）	胸深（cm）	尾宽（cm）	尾长（cm）
公	20	50.98 ± 3.29	68.08 ± 2.78	72.4 ± 3.39	90.75 ± 2.44	21.92 ± 2.03	30.92 ± 1.73	5.6 ± 0.58	29.45 ± 1.69
母	60	48.36 ± 4.64	66.71 ± 3.99	68.65 ± 9.11	88.19 ± 6.16	21.69 ± 2.07	29.67 ± 2.41	5.44 ± 0.61	27.52 ± 3.73

注：在明光、滇滩、马站、猴桥等乡镇测定。

（3）繁殖性能。腾冲绵羊公、母羊初配年龄为18月龄左右。母羊发情季节多在5月和10月，发情周期18～22d，发情持续期2～3d，妊娠期平均150d，平均产羔率101.4%。羔羊平均断奶成活率87.3%。

（4）产毛性能。腾冲绵羊每年的3月、6月、10月剪毛，大群平均产毛量1.28kg。羊毛平均自然长度，公羊5.4cm，母羊5cm；羊毛平均伸直长度，公羊6.3cm，母羊6.2cm；平均细度44.92μm；平均净毛率，公羊72.8%，母羊60.4%。

（5）产肉性能。2006年选择1～1.5岁羯羊30只进行屠宰测定，平均宰前活重（45.46±6.46）kg，胴体重（19.87±2.68）kg，屠宰率（43.71±3.16）%。

24. 昭通绵羊

昭通绵羊原称昭通土绵羊，为短毛山谷型藏羊，属毛肉兼用型绵羊地方品种。主产区位于云南省昭通市。

昭通绵羊受引进羊杂交改良的影响，群体数量不断下降，2019年存栏量20 599只。

（1）外貌特征。昭通绵羊体质结实，结构良好，骨骼健壮，肌肉丰满。体态轻盈，行动敏捷，善于爬山，纵跃能力极强。

头长短适中，一般无角。公羊有角的仅占5.3%，多为螺旋形角；母羊有角的占4.62%，有梳子角和丁丁角。耳有长短之分，以长耳者为多。鼻梁稍隆起，眼眶稍凸出。颈细长，鬐甲稍高，背腰平直而窄，胸较深，肋骨微拱。四肢较高，肢势端正。尾长12～25cm，呈锥形。

图47 昭通绵羊公羊

被毛多为白色，头、四肢以黑花为主，其次为黄花、黑色、黄色。体躯毛色全白者居多，个别有黑花斑、黄花斑。尾根有花斑者居多，四肢毛色斑点与头部花斑颜色基本一致。被毛为异质毛，较稀而松散、有光泽，毛丛结构不明显，少数母羊有毛丛结构并有弯曲（图47、图48）。

图48 昭通绵羊母羊

（2）体重和体尺。昭通绵羊成年羊体重和体尺见表42。

表42 昭通绵羊成年羊体重和体尺

性别	数量（只）	体重（kg）	体高（cm）	体长（cm）	胸围（cm）	尾长（cm）	尾宽（cm）
公	15	46.30 ± 8.90	60.57 ± 3.80	66.87 ± 5.38	87.13 ± 7.44	17.37 ± 3.44	3.60 ± 0.58
母	66	41.55 ± 6.85	59.59 ± 5.48	65.67 ± 5.55	84.73 ± 5.69	18.34 ± 3.05	3.84 ± 0.57

注：在昭通市昭阳区大山包乡、鲁甸县水磨乡、永善县码口乡、大关县上高桥乡和木杆乡等地区测定。

（3）繁殖性能。昭通绵羊性成熟较早，初配年龄为1.0～1.5岁。母羊春秋季发情，发情周期平均16d，妊娠期平均151d；产羔率80%～98%，双羔较少，饲养管理条件好的母羊1年可产2胎，每胎1羔。羔羊初生重2.8～3.1kg，断奶重24.4～26.1kg。羔羊平均断奶成活率84.66%。

（4）产毛（绒）性能。昭通绵羊每年3月、6月、9月剪毛3次。年产毛量，成年公羊1～1.5kg，成年母羊1～1.2kg。毛纤维平均重量比，无髓毛66%，两型毛33.2%，有髓毛0.77%；羊毛平均细度，无髓毛27.7μm，两型毛58.6μm，有髓毛64.2μm。平均净毛率为75.72%。

（5）产肉性能。昭通绵羊屠宰性能见表43。

表43 昭通绵羊屠宰性能

性别	数量（只）	宰前活重（kg）	胴体重（kg）	屠宰率（%）	净肉率（%）
公	17	40.08 ± 9.6	19.34 ± 6.8	48.25 ± 6.9	39.39 ± 7.39
母	19	33.49 ± 5.7	14.40 ± 2.3	43.00 ± 3.23	35.41 ± 3.23

25. 汉中绵羊

汉中绵羊又名黑耳羊，属毛肉兼用半细毛型绵羊地方品种。

汉中绵羊中心产区在陕西省汉中市的宁强县和勉县，目前主要分布于宁强县的燕子砭、安乐河和勉县朱家河、小砭河一带的浅山丘陵和中低山区。

（1）外貌特征。汉中绵羊全身被毛以白色为主，大部分个体颈、耳、眼周围为黑色或棕色。体质结实，结构匀称，体格中等。头大小适中、较狭长，呈三角形。额平。极少部分公羊有较细的倒八字形角，母羊无角。鼻梁隆起，耳大下垂。体躯呈长方形，颈细短，胸深，背腰平直，尻斜。四肢较短，蹄质坚实。短瘦尾呈锥形，短而小。全身被毛较密，弯曲良好、富有光泽（图49、图50）。

图49　汉中绵羊公羊　　　　　　　　　图50　汉中绵羊母羊

（2）体重和体尺。汉中绵羊成年羊体重和体尺见表44。

表44　汉中绵羊成年羊体重和体尺

性别	数量（只）	体重（kg）	体高（cm）	体长（cm）	胸围（cm）	尾长（cm）	尾宽（cm）
公	19	33.6 ± 9.3	54.4 ± 8.9	56.5 ± 8.4	81.3 ± 9.9	12.9 ± 3.4	4.2 ± 1.1
母	72	26.1 ± 4.5	51.1 ± 4.1	52.5 ± 4.6	75.4 ± 5.6	12.6 ± 2.1	4.0 ± 1.0

注：2007年2月由勉县畜牧兽医中心和宁强县畜牧兽医站在勉县汉中绵羊保种场及宁强县燕子砭镇、安乐河乡3个点测定。

（3）繁殖性能。汉中绵羊7～8月龄性成熟，当年即可配种受孕。母羊发情多集中在3—5月和9—10月，发情周期平均17d，妊娠期平均150d；年平均产羔率135.0%，羔羊平均断奶成活率96.0%。羔羊平均初生重，公羔2.5kg，母羔2.3kg。

（4）产肉性能。在放牧或以放牧为主的饲养管理条件下，2007年2月由勉县畜牧兽医中心和宁强县畜牧兽医站对勉县汉中绵羊保种场4只成年公羊进行测定，宰前活重（32.1 ± 0.9）kg，胴体重（15.1 ± 0.4）kg，屠宰率（47.0 ± 0.2）%，净肉率（35.6 ± 1.5）%，肉骨比3.1∶1。汉中绵羊肉质细嫩、味鲜可口、膻味小。经测定，后腿肉的水分含量平均76.8%，干物质含量平均23.2%。干物质中含粗蛋白质平均19.5%、粗脂肪3.2%、粗灰分0.5%。

（5）产毛性能。被毛基本同质，颜色洁白、光泽好、弯曲均匀。据2007年4月对16只公羊和39只母羊的产毛性能测定，产毛量，公羊（1.4 ± 0.4）kg，母羊（1.3 ± 0.2）kg；羊毛伸直长度，公羊（15.5 ± 4.8）cm，母羊（14.0 ± 3.6）cm；绒毛厚度，公羊（9.0 ± 1.7）cm，母羊（7.0 ± 1.3）cm；羊毛纤维细度平均为35.3μm。

26. 同羊

同羊又名同州羊，古称茧耳羊，属肉毛兼用脂尾型半细毛绵羊地方品种。

（1）外貌特征。同羊被毛为纯白色，多为圆锥状毛丛覆盖。按羊毛品质分为同质半细毛、基本同质半细毛和异质毛3种。外形具有"耳茧、角栗、肋筋、尾扇"四大特征。

图51 同羊公羊

尾为两个类型：长脂尾和短脂尾。长脂尾中主要有秤锤尾和莲花尾，前者尾肥厚、上窄下宽，形如秤锤，有中沟，将其分为左右两瓣，尾芯小，上翻嵌入尾中沟；后者外形轮廓与秤锤尾近似，唯基部和尾芯较大，尾芯上翘嵌在尾中沟下1/3处，形似荷花花蕾，故名。短脂尾中有莲花尾、半截尾和小圆尾，莲花尾形状同长脂尾；半截尾上下宽度较一致，尾底部较平，中沟明显，尾芯小；小圆尾较半截尾小，中沟不明显或无，尾芯或有或无，若有也很小，下垂或上翘（图51、图52）。

图52 同羊母羊

（2）体重和体尺。同羊成年羊体重和体尺见表45。

表45 同羊成年羊体重和体尺

性别	数量（只）	体重（kg）	体高（cm）	体长（cm）	胸围（cm）	胸深（cm）	尾长（cm）	尾宽（cm）
公	27	68.3 ± 4.7	64.2 ± 5.9	63.3 ± 5.6	76.9 ± 6.6	32.4 ± 2.1	32.4 ± 1.8	17.6 ± 3.5
母	45	47.1 ± 2.6	61.2 ± 3.8	60.7 ± 5.6	77.1 ± 5.7	27.9 ± 2.5	26.1 ± 8.1	15.3 ± 3.2

注：2007年3月对白水县同羊原种场成年羊进行随机测定。

（3）繁殖性能。同羊公、母羊6～7月龄性成熟，1.0～1.5岁初配。母羊全年可发情配种，但1—2月和6—7月发情较少；发情周期17～21d，发情持续期1.5～2.5d，妊娠期平均150d；多数羊2年产3胎，少部分可年产2胎，年平均产羔率105%。羔羊平均初生重，公羔3.6kg，母羔3.3kg；平均断奶重，公羔26.1kg，母羔23.6kg。

（4）产肉性能。同羊肉质好、细嫩多汁、烹之易烂、食之可口、膻味轻。其尾脂洁白如玉、食而不腻、胆固醇含量低。据测定，同羊羊肉中水分含量平均为48.1%，粗蛋白质含量平均为24.2%，粗灰分含量平均为1.0%；谷氨酸占氨基酸总量的13.2%，不饱和脂肪酸占脂肪酸总量的59.2%；高级脂肪酸中油酸占38.5%，亚油酸占22.4%，亚麻酸占0.2%。

同羊羯羊屠宰性能见表46。

表46 同羊羯羊屠宰性能

羊别	数量（只）	宰前活重（kg）	胴体重（kg）	屠宰率（%）	净肉率（%）	肉骨比
成年羯羊	8	62.5 ± 3.8	33.4 ± 2.7	53.4 ± 2.7	45.1 ± 3.5	5.4 ：1
周岁羯羊	10	42.3 ± 1.8	27.8 ± 1.5	65.7 ± 3.2	56.1 ± 4.6	5.8 ：1

注：2006年白水县同羊原种场对18只羯羊进行屠宰性能测定。

27. 兰州大尾羊

兰州大尾羊属肉脂兼用粗毛型绵羊地方品种。

（1）外貌特征。兰州大尾羊被毛为纯白色，体质结实，结构匀称。头大小适中，额宽，鼻梁稍隆起，两耳略下垂，公、母羊均无角。颈粗长，肋骨拱起，胸深而宽，背腰平直，臀部微倾斜。四肢较高，蹄质坚实。尾为长脂尾，下垂达飞节或以下，脂尾肥大、平展，尾中沟将其分为左右对称两瓣，尾尖外翻，紧贴于尾沟中（图53、图54）。

图53　兰州大尾羊公羊　　　　　　图54　兰州大尾羊母羊

（2）体重和体尺。兰州大尾羊成年羊体重和体尺见表47。

表47　兰州大尾羊成年羊体重和体尺

性别	体重（kg）	体高（cm）	体长（cm）	胸围（cm）	尾长（cm）	尾宽（cm）
公	57.9 ± 0.4	76.3 ± 3.3	72.5 ± 4.7	91.8 ± 5.3	34.9 ± 5.6	25.5 ± 7.0
母	44.4 ± 0.5	63.6 ± 3.4	67.4 ± 3.3	84.6 ± 5.6	25.5 ± 4.8	18.1 ± 3.4

注：对60只兰州大尾羊成年公、母羊的测定。

兰州大尾羊早期生长发育快，羔羊断奶重，公羔（29.6 ± 0.8）kg，母羔（25.2 ± 0.7）kg，分别为成年羊体重的51.2%和56.3%。

（3）繁殖性能。兰州大尾羊公羊9～10月龄、母羊7～8月龄性成熟，初配年龄1～1.5岁。母羊发情周期平均17d，发情持续期1～2d。饲养条件好的母羊一年四季均可发情，8月上旬至10月中旬是发情旺盛期。母羊妊娠期平均150d，年产羔1胎，膘情好的母羊可2年产3胎。据统计，平均产羔率为117.0%，产单羔的母羊占83.0%，产双羔的占17.0%。羔羊初生重，公羔（4.1 ± 0.1）kg，母羔（3.7 ± 0.1）kg；断奶重，公羔（29.6 ± 0.8）kg，母羔（25.2 ± 0.7）kg。

（4）产肉性能。兰州大尾羊羯羊屠宰性能见表48。

表48　兰州大尾羊羯羊屠宰性能

羊别	数量（只）	宰前活重（kg）	胴体重（kg）	屠宰率（%）	净肉率（%）	肉骨比
成年羯羊	15	52.5 ± 2.4	30.5 ± 1.7	58.1	48.2	4.9∶1
育成羯羊	10	37.0 ± 1.4	21.3 ± 0.9	57.6	44.5	3.4∶1

注：育成羊年龄为10月龄。

（5）产毛性能。兰州大尾羊春、秋两季各剪毛1次。年平均产毛量，公羊2.4kg，母羊1.5kg。被毛异质。据测定，兰州大尾羊公羊春毛纤维类型重量百分比，无髓毛67.2%，两型毛17.7%，有髓毛4.4%，干死毛10.7%。

28. 岷县黑裘皮羊

岷县黑裘皮羊，又名黑紫羔羊、紫羊，属裘皮用绵羊地方品种。

岷县黑裘皮羊的中心产区位于甘肃省洮河中、上游的岷县和岷江上游一带，目前主要集中在岷县的西寨、清水、十里等乡镇；分布于岷县洮河两岸、宕昌县、临潭县、临洮县及渭源县部分地区。

据20世纪80年代初调查，群体数量为10.4万只，以后受裘皮市场疲软的影响，群体数量急剧下降，2015年甘肃省畜牧业产业管理局调查表明，全省岷县黑裘皮羊存栏量2万只左右。在中心产区岷县黑裘皮羊群体数在3 000只左右，纯种仅有1 000只左右。由于忽视选育，混交乱配现象严重，群体中出现青白、白、紫红杂色个体，毛色混乱、弯曲减少、品质退化。岷县黑裘皮羊的生产方向，目前已由裘皮用向裘肉或肉裘兼用方向发展。

（1）外貌特征。岷县黑裘皮羊被毛为纯黑色，角、蹄也呈黑色。羔羊出生后被毛黝黑发亮，绝大部分个体纯黑色被毛终生不变，随着日龄的增长，极少部分羊变为黑褐色。体格健壮，结构紧凑。头清秀，鼻梁隆起。公羊角向后、向外呈螺旋状弯曲，母羊多数无角，个别有小角。颈长适中，背腰平直，尻微斜。四肢端正，蹄质坚实。尾为短瘦尾，较小，呈锥形（图55、图56）。

图55　岷县黑裘皮羊公羊

（2）体重和体尺。经测定，成年公、母羊平均体重41.7kg，体高62.6cm，体长65.2kg，胸围82.9cm，胸宽21.0cm，胸深34.1cm，尾长23.2cm，尾宽10.9cm。

（3）繁殖性能。岷县黑裘皮羊性成熟期，公羊6月龄，母羊10～12月龄。母羊初配年龄为1.5岁，每年7—9月为发情旺季；发情周期平均17d，发情持续期平均48h，妊娠期平均150d；1年产1胎，一胎双羔极为少见。根据产羔季节可将羔羊分为冬羔、春羔两种，冬羔健壮、成活率高，二毛皮品质好，越冬能力强；春羔较差。

图56　岷县黑裘皮羊母羊

（4）裘皮品质。羔羊出生时被毛纯黑，毛长2cm左右，呈环形或半环形弯曲。在羔羊60日龄左右，其毛长不低于7cm时宰杀的皮张称为"二毛皮"，毛股呈花穗状，尖端为环形或半环形，有3～5个弯曲，毛纤维从尖到根全为黑色，毛股清晰，花穗美观，光亮柔和，吸热保暖，乌黑光滑；皮板较薄，平均面积2 000cm²，经穿耐用。

"二剪皮"：是指羔羊剪秋毛前所宰杀剥取的皮张，毛股较长，有2～3个弯曲，皮板面积与重量大，保暖性能好，但毛股易毡结。

（5）产肉性能。岷县黑裘皮羊成年公羊平均宰前活重31.1kg，平均胴体重13.8kg，平均屠宰率44.4%。肉的品质以屠宰取皮的羔羊肉最佳，肉质细嫩、多汁、口感好、肥而不腻。

（6）产毛性能。岷县黑裘皮羊被毛异质，每年春、秋季各剪毛1次，春毛产毛量高于秋毛，全年平均产毛量1.6kg。被毛中绒毛多、毛色黑，适于制毡。

29. 贵德黑裘皮羊

贵德黑裘皮羊又名青海黑藏羊、贵德黑紫盖，属裘皮用型绵羊地方品种。

（1）外貌特征。贵德黑裘皮羊被毛为黑红色，部分为微黑红色，个别呈灰色。盖羊大多数毛穗根部呈微红色，尖部为纯黑色，故称黑紫盖。2月龄毛色逐渐变为黑微红色。全身覆盖辫状粗毛，毛辫长过腹线，颈下缘及腹部着生的毛稀而短。短瘦尾（图57、图58）。

（2）体重和体尺。贵德黑裘皮羊成年羊体重和体尺见表49。

（3）繁殖性能。贵德黑裘皮羊6～10月龄性成熟，初配年龄为1.5岁。母羊7—10月发情，发情周期平均22d，妊娠期平均150d，双盖极少，平均产盖率101.0%。盖羊平均初生重，公盖2.9kg，母盖2.9kg；4月龄平均断奶重，公盖13.0kg，母盖10.4kg。盖羊平均断奶成活率90.0%。

图57　贵德黑裘皮羊公羊

图58　贵德黑裘皮羊母羊

表49　贵德黑裘皮羊成年羊体重和体尺

性别	数量（只）	体重（kg）	体高（cm）	体长（cm）	胸围（cm）	胸深（cm）	尾长（cm）	尾宽（cm）
公	20	49.7±10.8	66.3±2.5	69.8±3.5	92.1±7.0	32.4±3.5	17.2±1.8	3.8±0.6
母	81	40.0±3.8	64.8±2.3	67.3±2.2	88.2±4.3	31.0±3.8	16.9±1.4	4.2±0.6

注：2006年6月在贵南县贵德黑裘皮羊保种场测定。

（4）盖皮品质。贵德黑裘皮羊盖皮分小盖皮和二毛皮两种，以生产二毛裘皮为主。

①小盖皮。指20日龄以内盖羊剥取的皮张，皮板致密、黝黑发亮、卷花紧实，毛纤维类型比例适中。卷花形状以紧密环形最好，正常环形、半环形次之，波浪形较差。据2006年测定，环形29.0%、半环形51.4%、波浪形18.6%、无花形1.0%。盖皮被毛中按根数计无髓毛61.1%，有髓毛38.9%。肩部卷花毛股自然长度为1.48cm，伸直长度为2.76cm。

②二毛皮。主要是指1月龄盖羊所产的皮张，皮板坚韧、毛色黑艳、光泽悦目、卷花美观、毛股紧实。据测定，30日龄盖羊二毛皮毛股自然长度平均为5.07cm，伸直长度平均为7.63cm，弯曲分布在毛股的上1/3处，每厘米毛长平均有1.7个弯曲。

（5）产肉性能。贵德黑裘皮羊成年羊屠宰性能见表50。贵德黑裘皮羊肉质好，据测定肉中粗蛋白质、粗脂肪、粗灰分平均含量，公羊分别为19.4%、2.8%、2.3%，母羊相应为20.7%、2.4%、2.6%。

表50　贵德黑裘皮羊成年羊屠宰性能

性别	数量（只）	宰前活重（kg）	胴体重（kg）	屠宰率（%）	净肉率（%）	肉骨比
公	15	43.1±2.9	18.4±1.9	42.7	32.3	3.1∶1
母	15	46.3±3.7	19.2±2.2	41.5	31.8	3.3∶1

注：2006年在贵南县贵德黑裘皮羊保种场进行屠宰性能测定。

30. 滩羊

滩羊又名白羊，属轻裘皮用型绵羊地方品种，以生产二毛裘皮而著称。

（1）外貌特征。滩羊体躯被毛为白色，纯黑者极少，头、眼周、颊、耳、嘴端多有褐色、黑色斑块或斑点（图59、图60）。

图59 滩羊公羊

羔羊出生后，体躯被有许多弯曲的长毛，被毛自然长度5cm左右，二毛期毛股长达7cm，一般毛股上有5～7个弯曲，呈波浪形。弯曲较多而整齐的毛股，毛股紧实清晰，花穗美观，光泽悦目，腹毛着生较好。

（2）体重和体尺。滩羊成年羊体重和体尺见表51。

（3）繁殖性能。滩羊一般6～8月龄性成熟。初配年龄，公羊2.5岁，母羊1.5岁。属季节性繁殖，母羊多在6—8月发情，发情周期17～18d，发情持续期1～2d，产后35d左右即可发情，妊娠期151～155d；受胎率95.0%以上。

图60 滩羊母羊

表51 滩羊成年羊体重和体尺

性别	数量（只）	体重（kg）	体高（cm）	体长（cm）	胸围（cm）	胸宽（cm）	尾长（cm）	尾宽（cm）
公	42	55.4 ± 14.3	69.7 ± 5.9	76.4 ± 7.7	89.7 ± 8.6	22.6 ± 3.0	32.9 ± 4.4	13.4 ± 0.3
母	177	43.7 ± 9.1	66.1 ± 5.8	73.2 ± 6.9	87.5 ± 10.5	22.0 ± 3.1	24.1 ± 3.5	6.9 ± 1.0

注：2007年在盐池、同心、灵武、海原县及红寺堡开发区测定。

（4）裘皮品质。

①滩羊二毛皮。指羔羊1月龄左右、毛股长度达8cm时宰杀获取的皮张。根据毛股粗细、紧实度、弯曲的多少及均匀性、无髓毛含量的不同，可将花穗分为串字花、软大花等。

串字花：毛股上有弧度均匀的平波状弯曲5～7个，弯曲排列形似串字，弯曲部分占毛股的2/3～3/4，毛股粗细为0.4～0.6cm，根部柔软，可向四方弯倒，呈萝卜丝状，毛股顶端有半圆形弯曲，光泽柔和、呈玉白色。少数串字花毛股较细，弯曲数多达7～9个，弯曲弧度小，花穗十分美观，称为"绿豆丝"或"小串字花"。

软大花：毛股弯曲较少，一般为4～5个，毛股粗细0.6cm以上，弯曲部分占毛股长度的1/2～2/3，毛股顶端为柱状，扭转卷曲，下部无髓毛含量多、保暖性强，但美观度较差。

其他还有核桃花、蒜瓣花、笔筒花、卧花、头顶一枝花等，因其弯曲数少、弯曲弧度不均匀、无髓毛多、毛股松散、美观度差，均列为不规则花穗。

二毛皮纤维细长，纤维类型比例适中，被毛由有髓毛和无髓毛组成。据测定，每平方厘米有毛纤维2 325根，其中有髓毛占54%、无髓毛占46%；有髓毛细度（26.6 ± 7.67）μm，无髓毛细度（17.4 ± 4.36）μm。二毛皮板质致密、结实、弹性好、厚薄均匀，平均厚度0.78cm；皮张重量小，产品轻盈、保暖。

②滩羊羔皮。指羔羊出生后、毛股长度不到7cm时宰杀的羔羊的皮张。其特点是毛股短、绒毛少、板质薄、花案美观，但保暖性较差。

31. 阿勒泰羊

阿勒泰羊又名阿勒泰大尾羊，属肉脂兼用粗毛型绵羊地方品种。

阿勒泰羊中心产区在新疆维吾尔自治区福海县，主要分布于阿勒泰地区的福海、富蕴、青河、哈巴河、布尔津、吉木乃及阿勒泰等县（市）。

（1）外貌特征。阿勒泰羊被毛为棕红色或淡棕色，部分个体头为黄色或黑色、体躯有花斑，纯黑或纯白个体极少。体质结实，体格大。公羊鼻梁隆起，有螺旋形大角；母羊鼻梁稍隆，多数有角。沉积在臀端附近的脂肪，形成方圆形脂臀，宽大、平直而丰厚，脂臀下缘正中有一浅沟，将其分成对称的两半（图61、图62）。

图61 阿勒泰羊公羊

图62 阿勒泰羊母羊

（2）体重和体尺。阿勒泰羊成年羊体重和体尺见表52。

（3）繁殖性能。阿勒泰羊4～6月龄性成熟，初配年龄1.5岁。母羊发情周期（17.2±0.25）d，发情持续期24～48h，妊娠期平均150d；平均产羔率，初产母羊为100.0%，经产母羊为110.3%；羔羊初生重，公羔（5.2±0.3）kg，母羔（4.8±0.2）kg；断奶重，公羔（40.1±0.9）kg，母羔（35.6±1.6）kg。羔羊平均断奶成活率98%。

表52 阿勒泰羊成年羊体重和体尺

性别	数量（只）	体重（kg）	体高（cm）	体长（cm）	胸围（cm）	胸深（cm）	尾长（cm）	尾宽（cm）
公	20	98.3±18.2	100.5±18.2	79.4±6.5	113.3±6.6	39.4±4.3	20.6±1.7	35.9±3.0
母	80	77.1±8.0	70.3±4.6	79.6±3.0	96.6±3.7	35.3±3.6	11.1±0.9	23.4±1.1

（4）产肉性能。阿勒泰羊周岁羊屠宰性能见表53。

表53 阿勒泰羊周岁羊屠宰性能

性别	数量（只）	宰前活重（kg）	胴体重（kg）	屠宰率（%）	净肉率（%）	肉骨比
公	15	65.6±2.2	32.1±1.3	48.9	39.1	4.0：1
母	15	50.6±3.4	24.8±1.7	49.0	39.8	4.3：1

阿勒泰羊肉质鲜嫩，美味可口，膻味小。据测定，每100g羊肉平均含粗蛋白质19.0g、粗脂肪14.1g、糖类2.0g、膳食纤维0.7g、维生素A 22.0μg、胡萝卜素1.2μg、硫胺素5.0mg、核黄素0.1mg、维生素E 0.3mg、胆固醇92.0mg、钾232.0mg、钠80.6mg、钙6.0mg、镁20.0mg。

（5）产毛性能。阿勒泰羊春、秋季各剪毛1次，当年羔羊仅秋季剪毛。年产毛量成年公羊（2.4±0.1）kg，成羊母羊（2.0±0.1）kg；周岁公羊（1.2±0.0）kg，周岁母羊（1.0±0.0）kg；羔羊（0.4±0.1）kg。被毛异质，毛质较差，干死毛较多。羊毛纤维类型重量百分比为无髓毛59.6%，两型毛4.0%，有髓毛7.7%，干死毛28.7%。

32. 巴尔楚克羊

巴尔楚克羊属肉脂兼用粗毛型绵羊地方品种。

巴尔楚克羊中心产区在新疆维吾尔自治区的巴楚县，多集中分布于巴楚县的阿纳库勒乡、多来提巴格乡、夏马勒乡及夏马勒牧场。

20世纪70年代巴尔楚克羊群体数量已达25万只。随后，因受引进品种羊杂交改良的影响，存栏量有所下降。2016年存栏量为20万只。其中，纯种巴尔楚克羊不足5万只。近年来，随着畜群结构的调整，肉羊出栏率提高、产肉量增加。

图63　巴尔楚克羊公羊

（1）外貌特征。巴尔楚克羊全身被毛为白色，眼圈、嘴轮、耳尖多有黑斑。被毛异质，无髓毛含量高。体质结实，头清秀、略呈三角形，额微凸，鼻梁微隆，耳小、半下垂。公羊多数无角，母羊无角。颈下有长毛，胸较窄，背腰平直、较长。四肢较高，肢势端正，蹄质结实。脂尾短而下垂，尾形有三角尾、萝卜尾和S形尾（图63、图64）。

（2）体重和体尺。巴尔楚克羊成年羊体重和体尺见表54。

图64　巴尔楚克羊母羊

表54　巴尔楚克羊成年羊体重和体尺

性别	数量（只）	体重（kg）	体高（cm）	体长（cm）	胸围（cm）	胸宽（cm）	胸深（cm）
公	20	72.2 ± 9.6	79.1 ± 5.6	86.0 ± 11.0	112.3 ± 9.0	22.6 ± 0.7	56.0 ± 4.6
母	80	47.7 ± 5.7	67.6 ± 3.1	67.6 ± 6.8	92.5 ± 6.6	19.0 ± 2.3	46.0 ± 3.3

（3）繁殖性能。巴尔楚克羊性成熟年龄，公羊6～7月龄，母羊5～6月龄；初配年龄均为12～14月龄。母羊发情周期平均17d，发情持续期平均34h，妊娠期平均150d。平均产羔率105.7%。羔羊平均初生重，公羔3.8kg，母羔3.7kg；断奶日龄平均为90d，平均断奶重，公羔25.6kg，母羔22.0kg。

（4）产肉性能。巴尔楚克羊周岁羊屠宰性能见表55。

表55　巴尔楚克羊周岁羊屠宰性能

性别	数量（只）	宰前活重（kg）	胴体重（kg）	屠宰率（%）	净肉率（%）	肉骨比
公	15	32.6 ± 5.3	15.1 ± 2.2	46.3	36.9	3.9 : 1
母	15	30.7 ± 4.1	14.4 ± 2.0	46.9	33.9	2.6 : 1

（5）产毛性能。巴尔楚克羊1年剪毛2次。平均产毛量，成年公羊1.6kg，成年母羊1.3kg；周岁公羊1.4kg，周岁母羊1.3kg。毛股自然长度14cm以上。被毛异质。羊毛纤维类型重量百分比为无髓毛48.20%，两型毛11.17%，有髓毛27.53%，干死毛13.10%。净毛率58%～60%。

33. 巴什拜羊

巴什拜羊属肉脂兼用粗毛型绵羊地方品种。

（1）**外貌特征**。巴什拜羊被毛以棕红色为主，褐色、白色次之，头顶和鼻梁为白色。体质结实，头大小中等，耳长，鼻梁微隆。公羊大部分有螺旋形角，母羊多数无角。颈中等长，胸宽而深，体躯呈长方形，后躯丰满，肌肉发达。四肢端正，蹄质结实。沉积在尾根周围的脂臀呈方圆形，下缘中间有一纵沟，将其分成对称的两半（图65、图66）。

图65 巴什拜羊公羊

（2）**体重和体尺**。巴什拜羊体重和体尺见表56。

巴什拜羊早期生长发育快，在放牧条件下4.5月龄公、母羔体重分别达到成年公、母羊的45.5%和58.1%，平均日增重分别为298.1g和286.0g。

（3）**繁殖性能**。巴什拜羊6月龄性成熟，初配年龄为18月龄。母羊发情周期平均18d，发情持续期24～48h，妊娠期平均150d；年平均产羔率105.0%，羔羊平均断奶成活率98.0%。羔羊初生重，公羔（4.4±0.6）kg，母羔

图66 巴什拜羊母羊

（4.3±0.5）kg；断奶重，公羔（36.4±3.9）kg，母羔（34.8±4.3）kg；哺乳期平均日增重，公羔267.0g，母羔254.0g。

表56 巴什拜羊体重和体尺

羊别	性别	数量（只）	体重（kg）	体高（cm）	体长（cm）	胸围（cm）	胸深（cm）
成年羊	公	35	85.7±8.3	74.1±2.7	76.7±2.9	101.1±5.9	35.2±2.0
	母	35	60.2±5.2	67.5±2.5	70.0±2.2	92.2±5.4	30.5±1.4
育成羊	公	35	60.4±4.9	67.2±2.0	71.0±2.2	89.2±3.2	32.3±1.3
	母	35	55.0±3.2	64.0±3.0	66.4±2.6	83.0±7.2	28.4±1.5

（4）**产肉性能**。巴什拜羊屠宰性能见表57。

表57 巴什拜羊屠宰性能

羊别	性别	数量（只）	宰前活重（kg）	胴体重（kg）	屠宰率（%）	净肉率（%）	肉骨比
成年羊	公	8	68.2±4.2	36.7±2.7	53.8	45.1	5.2：1
	母	12	53.3±3.5	28.0±2.9	52.5	42.4	4.2：1
育成羊	公	10	49.1±4.4	26.7±2.8	54.4	43.5	4.0：1
	母	10	45.6±2.7	25.6±1.6	56.1	44.9	4.0：1

巴什拜羊产肉性能好，在放牧条件下4月龄断奶，公羔宰前活重（33.8±2.9）kg，胴体重（19.0±1.6）kg，平均屠宰率56.2%，平均净肉率45.8%，肉骨比4.4；母羔宰前重（30.1±1.9）kg，胴体重（16.7±1.6）kg，平均屠宰率55.5%，平均净肉率44.8%，肉骨比4.2：1。

（5）**产毛性能**。巴什拜羊被毛异质、产量较低。产毛量，成年公羊1.6～1.9kg，成年母羊1.2～1.3kg。羊毛品质较好，无髓毛含量多，有髓毛较细，干死毛少。

34. 巴音布鲁克羊

巴音布鲁克羊又名茶腾大尾羊、巴音布鲁克大尾羊、巴音布鲁克黑头羊，属肉脂兼用粗毛型绵羊地方品种。

中心产区为新疆维吾尔自治区和静县巴音郭楞乡、巴音乌鲁乡和巴音布鲁克牧场。分布于巴音郭楞蒙古自治州的和静、和硕、焉耆、博湖、轮台等县及库尔勒市。

巴音布鲁克羊从1980年的53.5万只，增加到2007年的57.7万只。2014年末，全州总存栏量为112.02万只，巴音布鲁克高寒牧区存栏量为42.72万只。2018年末，全州存栏量达到120.3万只。

（1）外貌特征。巴音布鲁克羊体躯为白色，头、颈为黑色，个别为黄色。被毛异质，干死毛较少。体质结实，体格中等。头较狭长，鼻梁稍隆起，两眼微凸，耳大下垂。公羊有螺旋形角，母羊有小角或角痕。背腰平直而长，十字部比鬐甲稍高。四肢较高，肢势端正，蹄质坚实。尾为短脂尾，丰厚，呈方圆形，尾下缘中部为一浅纵沟，将其分成对称的两半（图67、图68）。

图67　巴音布鲁克羊公羊

图68　巴音布鲁克羊母羊

（2）体重和体尺。巴音布鲁克羊成年羊体重和体尺见表58。

表58　巴音布鲁克羊成年羊体重和体尺

性别	数量（只）	体重（kg）	体高（cm）	体长（cm）	胸围（cm）	胸深（cm）
公	30	59.0 ± 19.8	74.4 ± 6.5	82.8 ± 9.6	93.5 ± 11.3	35.9 ± 4.7
母	66	45.0 ± 9.6	71.2 ± 4.2	76.0 ± 4.7	86.1 ± 7.3	31.5 ± 3.6

（3）繁殖性能。巴音布鲁克羊5～6月龄性成熟，初配年龄1.5～2岁。母羊发情周期平均17d，妊娠期145～150d；平均产羔率97.0%，羔羊平均断奶成活率91.7%。羔羊初生重，公羔（3.9±0.6）kg，母羔（3.7±0.6）kg；断奶重，公羔（26.8±2.2）kg，母羔（26.9±2.9）kg；哺乳期平均日增重，公羔191g，母羔194g。

（4）产肉性能。对13只周岁公羊和10只周岁母羊进行屠宰性能的测定，公羊宰前活重（33.9±1.5）kg，胴体重（15.2±1.0）kg，平均屠宰率44.8%，平均净肉率31.5%；母羊宰前活重（32.6±1.8）kg，胴体重（14.6±1.0）kg，平均屠宰率44.8%，平均净肉率31.2%。

（5）产毛性能。巴音布鲁克羊1年剪毛2次，年平均产毛量，成年公羊1.8kg，成年母羊1.5kg；周岁公羊1.5kg，周岁母羊1.2kg。羊毛平均自然长度，成年公羊8.5cm，成年母羊6.5cm；周岁公羊8.5cm，周岁母羊8.0cm。

35. 策勒黑羊

策勒黑羊属羔皮型绵羊地方品种，是新疆宝贵的多胎绵羊地方品种。

（1）**外貌特征**。策勒黑羊被毛为黑色或黑褐色。羔羊出生时体躯被毛毛卷紧密、花纹美丽，呈墨黑色。随着年龄增长，除头、四肢外，毛色逐渐变浅，毛卷变直，形成波浪状花穗，成年后被毛呈毛辫状。被毛异质，有髓毛比例大，干毛较多。

图69　策勒黑羊公羊

策勒黑羊头较窄长，鼻梁微隆，耳大、半下垂。公羊多数有螺旋形角，角尖向上、向外伸展；母羊大多无角，或仅有小角或角基。胸部较窄，背腰平直、较短，骨骼发育良好，体高大于体长。四肢端正。短瘦尾，呈锥形，下垂（图69、图70）。

（2）**体重和体尺**。策勒黑羊成年羊体重和体尺见表59。

（3）**繁殖性能**。全年发情和繁殖率高是策勒黑羊突出的品种特性。策勒黑羊一般6～8月龄性成熟，初配年龄为1.5～2岁。母羊可全年发情，但以4—5月和11月发情较多，发情周期平均17d，妊娠期148～149d。

图70　策勒黑羊母羊

母羊2年产3胎的较多，平均产羔率215%，其中单羔率平均为15.5%，双羔率平均为61.9%，3羔率平均为15.5%，4羔率平均为7.2%。羔羊平均初生重，单胎公羔3.2kg、母羔2.9kg，双胎公羔3.1kg、母羔2.7kg。羔羊平均断奶成活率90.0%。

表59　策勒黑羊成年羊体重和体尺

性别	数量（只）	体重（kg）	体高（cm）	体长（cm）	胸围（cm）	胸宽（cm）	胸深（cm）
公	19	59.4 ± 3.9	77.2 ± 1.9	70.7 ± 3.5	110.0 ± 4.8	30.0 ± 2.2	34.4 ± 2.2
母	86	41.7 ± 5.4	66.0 ± 3.1	64.0 ± 2.5	95.6 ± 4.9	26.9 ± 2.3	31.2 ± 2.3

（4）**羔皮品质**。策勒黑羊羔皮毛卷紧密、花纹一致，但丝性和光泽较差。毛卷类型以螺旋形为主，环形和豌豆形较少。按毛卷大小分，小花占25.5%、中花占41.2%、大花33.3%。随羔皮用途的不同屠宰时间各异，供妇女小帽妆饰用的羔皮，多在羔羊2～3日龄宰杀剥取；男帽和皮领用皮多在羔羊10～15日龄宰剥；做皮大衣用的二毛皮，一般在羔羊45d左右宰剥。

（5）**产肉性能**。策勒黑羊屠宰性能见表60。

表60　策勒黑羊屠宰性能

性别	数量（只）	宰前活重（kg）	胴体重（kg）	屠宰率（%）	净肉率（%）	肉骨比
公	7	18.5	9.8	53.00	40.1	3.1∶1
母	8	19.3	9.5	49.2	35.2	2.5∶1

（6）**产毛性能**。策勒黑羊产毛量较低，1年剪毛2次。年平均产毛量，成年公羊1.72kg，成年母羊1.46kg；周岁公羊1.43kg，周岁母羊1.38kg。

36. 多浪羊

多浪羊又名麦盖提大尾羊，属肉脂兼用粗毛型绵羊地方品种。

（1）外貌特征。多浪羊被毛以灰白色为主，头与四肢为深灰色，颈为黄褐色。羔羊出生后为棕褐色，断奶后逐渐变为灰白色，但头、耳、四肢仍保持原有毛色。体质结实，体格大。头中等长，鼻梁隆起明显，嘴大、口裂深，耳大下垂。公羊无角或有小角，母羊无角。颈细长，肩宽，胸宽而深，肋骨拱圆，背腰平直而长，十字部稍高，后躯肌肉发达，四肢端正而较高，蹄质坚实。脂尾较大，平直，呈方圆形，尾纵沟较深（图71、图72）。

图71　多浪羊公羊　　　　　　　　　图72　多浪羊母羊

（2）体重和体尺。多浪羊成年羊体重和体尺见表61。

表61　多浪羊成年羊体重和体尺

性别	数量（只）	体重（kg）	体高（cm）	体长（cm）	胸围（cm）	胸深（cm）	尾长（cm）	尾宽（cm）
公	20	96.3 ± 15.7	88.4 ± 6.5	100.7 ± 7.2	110.4 ± 8.6	36.5 ± 4.5	31.3 ± 14.4	58.8 ± 13.5
母	80	74.1 ± 12.5	75.5 ± 4.0	93.2 ± 6.2	100.4 ± 7.1	33.2 ± 2.3	20.9 ± 3.8	36.9 ± 7.4

（3）繁殖性能。多浪羊6月龄性成熟，初配年龄为1.5岁。母羊四季均可发情，以4—5月和9—11月发情较多，发情周期平均18d，发情持续期24～48h，妊娠期平均150d，平均产羔率113%～130%。农区母羊多数可2年产3胎或1年产2胎，小群平均产羔率可达250.0%。羔羊平均初生重，公羔4.2kg，母羔4.4kg；平均断奶重，公羔26.7kg，母羔26.9kg；110日龄断奶，哺乳期平均日增重，公羔205.0g，母羔204.0g；羔羊平均断奶成活率90.0%。

（4）产肉性能。多浪羊周岁羊屠宰性能见表62。

表62　多浪羊周岁羊屠宰性能

性别	数量（只）	宰前活重（kg）	胴体重（kg）	屠宰率（%）	净肉率（%）	肉骨比
公	3	66.0	36.9	55.9	44.3	3.8∶1
母	12	66.1	30.5	46.1	37.1	4.1∶1

多浪羊肉质好、膻味轻。据测定，肌肉干物质中平均含粗蛋白质19.7%、粗脂肪5.9%、粗灰分1.21%；氨基酸中必需氨基酸含量38.30%；不饱和脂肪酸中含亚油酸2.82%、油酸25.87%，低级挥发性脂肪酸中己酸、辛酸和癸酸含量分别为0.01%、0.03%和0.64%。

（5）产毛性能。多浪羊1年剪毛2次。年平均产毛量，成年公羊2.0～2.5kg，成年母羊1.5～2.0kg；1.5岁公羊、母羊分别为1.8kg和1.5kg。无髓毛含量较多，占总产毛量的60%～70%。

37. 和田羊

和田羊属地毯毛型绵羊地方品种，是新疆独特的耐干旱、耐炎热和耐粗饲的半粗毛羊品种。

（1）**外貌特征**。和田羊全身被毛为白色，个别羊头为黑色或有黑斑。被毛富有光泽，弯曲明显，呈毛辫状，上下披叠、层次分明，呈裙状垂于体侧达腹线以下。体质结实，结构匀称，体格较小。头较清秀，耳大下垂。公羊鼻梁隆起较明显，母羊鼻梁微隆。公羊多数有大角，母羊多数无角或有小角。体躯较窄，胸深不足，背腰平直。四肢较高，肢势端正，蹄质坚实。属短脂尾，有3种尾形；萝卜形，基部宽大，向下逐渐呈三角形，尾尖细瘦；坎土曼形，尾尖退化，尾端呈一字形；驼唇形，尾宽而短，无瘦尾尖，尾下沿中部有一浅沟，将其分为左右两半（图73、图74）。

图73　和田羊公羊　　　　　　　　图74　和田羊母羊

（2）**体重和体尺**。和田羊成年羊体重和体尺见表63。

表63　和田羊成年羊体重和体尺

性别	数量（只）	体重（kg）	体高（cm）	体长（cm）	胸围（cm）
公	308	55.8 ± 9.4	63.4 ± 4.7	66.5 ± 6.3	79.3 ± 11.2
母	61	35.8 ± 4.3	60.5 ± 3.8	64.8 ± 5.9	75.9 ± 8.9

（3）**繁殖性能**。和田羊初配年龄为1.5～2.0岁。母羊发情多集中在4—5月和11月，舍饲母羊可常年发情，发情周期平均17d，妊娠期145～150d，产羔率98.0%～103.0%。羔羊初生重，公羔（2.4±0.6）kg，母羔（2.4±0.5）kg；断奶重，公羔（20.7±4.6）kg，母羔（18.3±6.6）kg；哺乳期平均日增重，公羔152.0g，母羔132.0g。羔羊断奶成活率97.0%～99.0%。

（4）**产肉性能**。和田羊周岁羊屠宰性能见表64。

表64　和田羊周岁羊屠宰性能

性别	宰前活重（kg）	胴体重（kg）	屠宰率（%）	净肉率（%）
公	33.4 ± 1.5	16.3 ± 0.8	48.8	40.3
母	29.7 ± 0.6	14.6 ± 0.5	49.2	40.8

和田羊肉质较好。据测定，每100g羊肉中平均含粗蛋白质19.23%、粗脂肪6.77%、粗灰分1.35%。必需氨基酸含量平均占氨基酸总量的56.67%，氨基酸中谷氨酸平均含量为16.21%。

38. 柯尔克孜羊

柯尔克孜羊，又名苏巴什羊，属肉脂兼用粗毛型绵羊地方品种。

柯尔克孜羊中心产区位于新疆维吾尔自治区克孜勒苏柯尔克孜自治州的乌恰县和阿图什市牧区。主要分布于乌恰县、阿合奇县、阿图什市、阿克陶县及其周边地区。

柯尔克孜羊种群数量和品质均呈现递增趋势，2015年中心产区乌恰县和阿图什市存栏量80.3万只。成年羊的主要体尺指标均有所改进，羔羊初生重有所提高。

图75　柯尔克孜羊公羊

（1）外貌特征。柯尔克孜羊毛色以棕红色为主，约占61%，黑色约占33%，其余为白色及杂色。体质结实，结构匀称。头大小适中，鼻梁稍隆起，耳下垂。公羊有角或无角，角形开张向两侧弯曲；母羊无角或有小角。背腰平直，肋骨较拱圆，后躯发育良好，尻长平而宽，体躯呈长方形。四肢高而细长，骨骼粗壮，蹄质坚实。尾形多样，属脂臀尾。被毛异质、短而粗，鬐甲、肩、大腿局部有长毛（图75、图76）。

（2）体重和体尺。柯尔克孜羊成年羊体重和体尺见表65。

图76　柯尔克孜羊母羊

表65　柯尔克孜羊成年羊体重和体尺

性别	数量（只）	体重（kg）	体高（cm）	体长（cm）	胸围（cm）	胸深（cm）	尾长（cm）	尾宽（cm）
公	100	55.0 ± 8.9	74.6 ± 5.4	74.3 ± 6.1	85.0 ± 6.2	31.9 ± 2.3	15.1 ± 1.6	19.2 ± 2.3
母	400	38.1 ± 4.1	68.9 ± 3.6	68.7 ± 4.1	78.6 ± 5.8	28.5 ± 2.5	11.7 ± 1.7	13.9 ± 2.5

注：2007年在乌恰县托云乡测定。

（3）繁殖性能。柯尔克孜羊母羊7～9月龄性成熟，初配年龄为18月龄；发情周期平均17d，发情持续期12～24h，妊娠期（149±9）d。羔羊初生重，公羔（3.9±0.4）kg，母羔（3.4±0.4）kg；断奶重，公羔（20.0±1.9）kg，母羔（16.8±1.9）kg。繁殖率平均86.9%。

（4）产肉性能。柯尔克孜羊育成羊屠宰性能见表66。

表66　柯尔克孜羊育成羊屠宰性能

性别	月龄	数量（只）	宰前活重（kg）	胴体重（kg）	屠宰率（%）	净肉率（%）	肉骨比
公	14	15	26.7	12.1	45.3	33.4	2.8∶1
母	14	15	27.4	12.4	45.3	33.7	2.9∶1

柯尔克孜羊肉质好。据测定，肌肉中粗蛋白质含量平均18.1%、脂肪7.0%；必需氨基酸含量平均占氨基酸含量的44.6%，氨基酸中谷氨酸含量平均占16.8%；脂肪酸中油酸含量平均占21.4%、亚油酸含量平均占1.0%。

（5）产毛性能。柯尔克孜羊被毛异质，产毛量低。据对100只成年公羊的测定，公羊年产毛量（1.2±0.2）kg，毛纤维自然长度（10.0±1.8）cm，毛纤维伸直长度（12.0±1.7）cm；母羊年产毛量（1.0±0.4）kg，毛纤维自然长度（9.0±1.4）cm，毛纤维伸直长度（12.0±1.2）cm。

39. 罗布羊

罗布羊属粗毛型绵羊地方品种。

罗布羊中心产区在新疆维吾尔自治区尉犁县的塔里木、墩阔坦、兴平、古勒巴格乡和若羌县吾塔木乡等地，主要分布于沿塔里木河流域的尉犁地区。

罗布羊1990年存栏量2.0万只，后因过度宰杀，加之引进其他品种羊进行杂交改良，致使数量逐渐减少，2000年下降到1.2万只，2008年年底为8 820只。自2008年巴州提出保种计划以来，通过实行封闭式保种，罗布羊存栏量才有所增加。截至2022年，存栏量依然不足3万只。

图77　罗布羊公羊

（1）外貌特征。罗布羊体躯被毛为白色，头、四肢多有黑色或棕色斑点，被毛较粗短。体质结实，结构匀称，体格中等。头大小适中、清秀，额毛向前弯曲而下垂，鼻梁隆起，两眼微凸出，耳中等大、下垂。一般公羊有螺旋形大角，个别母羊有小角。背腰平直，肋骨拱张较好。四肢结实而端正，蹄质坚实。短脂尾呈坎土曼形，具有向上弯曲的尾尖（图77、图78）。

图78　罗布羊母羊

（2）体重和体尺。罗布羊周岁羊体重和体尺见表67。

表67　罗布羊周岁羊体重和体尺

性别	数量（只）	体重（kg）	体高（cm）	体长（cm）	胸围（cm）	胸宽（cm）	胸深（cm）
公	20	37.9 ± 3.4	64.9 ± 2.4	72.9 ± 2.8	76.3 ± 2.5	15.6 ± 1.3	26.3 ± 2.5
母	81	35.7 ± 2.4	61.1 ± 3.5	66.3 ± 3.2	73.0 ± 2.7	14.1 ± 1.5	24.7 ± 2.4

（3）繁殖性能。罗布羊8月龄性成熟，初配年龄为18月龄。母羊每年6—8月发情，发情周期平均17d，妊娠期平均150d，年平均产羔率93%以上。羔羊平均初生重，公羔2.5kg，母羔20kg；平均断奶重，公羔13.5kg，母羔12.0kg；180日龄断奶，哺乳期平均日增重，公羔75.0g，母羔66.7g。羔羊平均断奶成活率85%。

（4）产肉性能。罗布羊周岁羊屠宰性能见表68。

表68　罗布羊周岁羊屠宰性能

性别	数量（只）	宰前活重（kg）	胴体重（kg）	屠宰率（%）	净肉率（%）	肉骨比
公	15	44.6	16.8	37.7	27.8	2.8 : 1
母	15	40.2	15.1	37.6	27.4	2.7 : 1

罗布羊肉品质较好。据测定，肌肉蛋白质含量平均17.8%、脂肪14.4%、灰分1.1%，脂肪酸中油酸含量平均38.8%、亚油酸4.7%、亚麻酸1.1%。

（5）产毛性能。罗布羊年平均产毛量，成年公羊1.1kg，成年母羊0.8kg；平均净毛率，成年公羊76.4%，成年母羊62.0%。被毛异质。毛纤维平均自然长度，有髓毛15.1cm，无髓毛8.7cm；毛纤维平均细度，有髓毛48.16μm，无髓毛20.35μm。

40. 塔什库尔干羊

塔什库尔干羊,又名当巴什羊,属肉脂兼用粗毛型绵羊地方品种。

塔什库尔干羊中心产区在新疆维吾尔自治区塔什库尔干塔吉克自治县,主要分布于帕米尔高原东部山区和塔什库尔干塔吉克自治县的达布达尔乡、麻扎种羊场、牧林场、塔什库尔干乡、提孜那甫乡、塔合曼乡、瓦恰乡、马尔洋乡。克孜勒苏柯尔克孜自治州阿克陶县的布伦口乡、木积乡等地也有分布。

(1)外貌特征。塔什库尔干羊被毛多为褐色,黑色、白色、杂色较少,其中褐色占51.4%、黑色占20.7%、杂色占19.8%、白色占8.1%。被毛异质,干死毛较多。体质结实,体格较大。头大小适中,鼻梁隆起,耳较小而下垂,部分羊耳上有一小瘤。公羊多数无角,母羊无角。颈长适中,胸宽深,肋骨拱圆,背腰平直,后躯发育良好。四肢结实,肢势端正。脂臀呈圆形,大而不下垂,部分尾纵沟上有一小肉瘤,脂臀内凹(图79、图80)。

图79 塔什库尔干羊公羊　　　　　　图80 塔什库尔干羊母羊

(2)体重和体尺。塔什库尔干羊成年羊体重和体尺见表69。

表69　塔什库尔干羊成年羊体重和体尺

性别	数量(只)	体重(kg)	体高(cm)	体长(cm)	胸围(cm)	胸深(cm)	尾长(cm)	尾宽(cm)
公	20	67.4±6.8	75.8±3.9	83.5±5.0	93.5±3.2	34.5±1.4	20.7	26.0
母	80	49.1±5.3	72.7±2.8	80.5±4.5	85.3±5.0	32.7±1.5	16.3	20.7

(3)繁殖性能。塔什库尔干羊6~9月龄性成熟。平均初配年龄,公羊20月龄,母羊18月龄。母羊多秋季发情,发情周期平均17d,妊娠期平均150d,年平均产羔率105%。羔羊初生重,公羔(4.5±0.5)kg,母羔(4.0±0.4)kg。断奶重,公羔(23.1±1.5)kg,母羔(21.3±1.4)kg。羔羊平均断奶成活率98%。

(4)产肉性能。塔什库尔干羊周岁羊屠宰性能见表70。

表70　塔什库尔干羊周岁羊屠宰性能

性别	数量(只)	宰前活重(kg)	胴体重(kg)	屠宰率(%)	净肉率(%)	肉骨比
公	14	52.2	26.4	50.6	37.9	3.0:1
母	12	49.8	26.1	52.4	39.6	3.1:1

(5)产毛性能。塔什库尔干羊母羊每年6月剪毛,羔羊9月剪毛,公羊和羯羊6月和9月各剪毛1次。成年羊年平均产毛量,公羊秋毛为1.8kg、夏毛为1.5kg,母羊秋毛为1.2kg、夏毛为0.8kg。毛股自然长度6~12cm。

41. 吐鲁番黑羊

吐鲁番黑羊又名托克逊黑羊，属肉脂兼用粗毛型绵羊地方品种。

吐鲁番黑羊中心产区在新疆维吾尔自治区托克逊县的伊拉湖乡、博斯坦乡、克尔碱镇，分布在吐鲁番盆地的吐鲁番市、托克逊县、鄯善县。

2014年年底，吐鲁番黑羊总数已达22.18余万只，品质有所提高。

（1）外貌特征。吐鲁番黑羊被毛为纯黑色，个别羊体躯为黑棕色，头部白色者极少。羔羊毛色纯黑，随着年龄增长毛色逐渐变浅。体质结实，结构匀称，体格中等。头中等大，耳大下垂。公羊鼻梁隆起，大多有螺旋形大角；母羊鼻梁稍隆起，多数无角。额有额毛。颈中等长，胸宽深，背平直，体躯较短而深，肋骨较拱圆，十字部稍高于鬐甲部，后躯发育良好。四肢端正，蹄质坚实。属短脂尾，尾呈W形，下缘中部有一浅纵沟，将尾分为两半（图81、图82）。

图81 吐鲁番黑羊公羊　　　　　　　图82 吐鲁番黑羊母羊

（2）体重和体尺。吐鲁番黑羊成年羊体重和体尺见表71。

表71 吐鲁番黑羊成年羊体重和体尺

性别	数量（只）	体重（kg）	体高（cm）	体长（cm）	胸围（cm）	胸深（cm）
公	71	61.7 ± 10.5	74.1 ± 3.6	60.3 ± 8.4	91.6 ± 6.0	34.3 ± 2.4
母	39	39.9 ± 2.7	65.9 ± 3.6	57.6 ± 8.0	80.7 ± 4.0	28.7 ± 2.9

（3）繁殖性能。吐鲁番黑羊4～6月龄性成熟。母羊初配年龄17～18月龄。母羊发情季节为9—11月，发情周期平均17d，妊娠期平均150d，产羔率平均100.6%。羔羊平均初生重，公羔4.4kg，母羔4.1kg；平均断奶重，公羔33.5kg，母羔30.6kg；120日龄断奶，哺乳期平均日增重，公羊279.2g、母羊255.0g。羔羊平均断奶成活率98%。

（4）产肉性能。据对30只12月龄公羊屠宰性能的测定，宰前活重（31.7 ± 2.3）kg，胴体重（13.3 ± 1.2）kg，平均屠宰率42.0%，平均净肉率32.0%，肉骨比3.2：1。

吐鲁番黑羊羊肉品质好。据测定100g肉中蛋白质含量平均18.6%、脂肪6.5%、胆固醇54.4mg、挥发性盐基氮6.0mg、钙5.0mg、铜0.08mg、维生素C 6.6mg、维生素A 0.13mg、维生素E 7.4mg，谷氨酸含量占氨基酸总量的16.0%。

（5）产毛性能。吐鲁番黑羊1年剪毛2次。年平均产毛量，成年公羊3.0kg，成年母羊2.2kg；周岁公羊2.5kg，周岁母羊1.9kg。

被毛异质，绒毛较多，部分毛束形成小环状毛辫。羔羊被毛卷曲，呈螺旋形，随年龄的增长，毛卷逐渐变直，形成毛穗，成年后逐渐成为毛辫。

42. 叶城羊

叶城羊属地毯毛型绵羊地方品种。

叶城羊中心产区在新疆维吾尔自治区叶城县山区的西哈休、柯克亚、乌夏巴什、棋盘、宗朗等乡和普萨牧场及部分平原乡（镇）；分布于新疆维吾尔自治区昆仑山和喀喇昆仑山高原下的叶城县及其与泽普、莎车、皮山县毗邻的地区。

（1）外貌特征。叶城羊被毛为白色，少数头、四肢毛为黑色，部分眼睑为黄色或灰白色。被毛光泽好，有波浪形弯曲，呈毛辫状，层次分明，似排须垂于体侧，达腹线以下。体质结实，头清秀、略长、大小适中，鼻梁稍隆起。耳长，半下垂。公羊多数有螺旋形角、少数无角，母羊多数无角、少数有小弯角。胸较窄而浅，腰背平直，十字部稍高于鬐甲部。四肢端正，蹄质坚实。属短脂尾（图83、图84）。

图83 叶城羊公羊　　　　　　　图84 叶城羊母羊

（2）体重和体尺。叶城羊成年羊体重和体尺见表72。

表72　叶城羊成年羊体重和体尺

性别	数量（只）	体重（kg）	体高（cm）	体斜长（cm）	胸围（cm）	胸深（cm）	尾长（cm）	尾宽（cm）
公	23	52.8 ± 8.4	71.0 ± 7.8	75.1 ± 6.5	108.4 ± 12.5	35.4 ± 6.9	23.6 ± 2.0	28.4 ± 3.1
母	150	41.0 ± 8.5	64.9 ± 8.7	68.2 ± 8.5	111.1 ± 14.1	22.7 ± 2.1	23.7 ± 2.1	28.4 ± 3.4

（3）繁殖性能。叶城羊初配年龄，公羊24月龄，母羊15月龄。母羊可全年发情，但以4—5月和11月发情较多；发情周期16～19d，妊娠期平均150d，产羔率平均103.0%。羔羊平均初生重，公羔4.2kg，母羔3.7kg；平均断奶重，公羔18kg，母羔16kg。

（4）产毛性能。叶城羊1年剪毛2次。成年公羊年平均产毛量2.2kg，春季毛辫自然长度27～33cm；成年母羊年平均产毛量1.5kg，春季毛自然长度26～31cm。其羊毛光泽良好、弹性强，是生产地毯与提花毛毯的重要原料。

（5）产肉性能。叶城羊周岁羊屠宰性能见表73。

表73　叶城羊周岁羊屠宰性能

性别	数量（只）	宰前活重（kg）	胴体重（kg）	屠宰率（%）	净肉率（%）
公	12	32.6	14.0	42.9	31.1
母	12	31.4	13.6	43.3	32.4

43. 欧拉羊

欧拉羊属古老的藏系羊品种。

（1）外貌特征。体格高大，体质结实，四肢端正较长，身体似长方形，背腰较宽平，胸深，后躯发育好，十字部略高于体高，具有明显的肉羊体型特征。头大而狭长，鼻梁高隆，眼廓微凸，耳大下垂，多数具有肉垂。公羊枕骨多有隆突，前胸着生黄褐色"胸毛"。体躯被毛短粗，以白色绒毛为主，无毛辫，干死毛含量高。头、颈、四肢和腹下着生黄褐色刺毛，臀端被毛为黄褐色，呈圆形，纯白羊极少。纯白色占0.84%，体白色占6.57%，体黄褐色占73.17%，体黑色占19.42%。公羊角长而粗壮，呈螺旋状向左右平伸或稍向前，角尖向外，角尖距离较大，角楞呈方形，粗壮，角基向前向下延伸；母羊角宽扁而厚实，多呈倒八字螺旋形（图85、图86）。

图85 欧拉羊公羊

图86 欧拉羊母羊

（2）体重和体尺。成年公羊平均体重80.42kg、体高80.92cm、体长88.8cm、胸围113.2cm、胸深47.44cm、胸宽29.4cm、十字部高83.04cm、管围9.98cm；成年母羊平均体重64.2kg、体高74.15cm、体长81.99cm、胸围104.23cm、胸深44.57cm、胸宽26.69cm、十字部高76.04cm、管围9.85cm。

（3）繁殖性能。母羊1.5岁开始发情，公、母羊一般2.5岁配种。公羊利用年限3～5年，母羊繁殖年限5～6年。发情周期一般为18d，发情期持续期为12～46h，妊娠期148～155d。一般在7—9月配种，12月至翌年2月产羔，每胎1羔。

（4）屠宰性能。欧拉羊屠宰性能见表74。

表74 欧拉羊屠宰性能

羊别	数量（只）	宰前活重（kg）	胴体重		内脏脂肪		屠宰率（%）
			重量（kg）	占活重（%）	重量（kg）	占活重（%）	
羯羊	6	76.55	35.18	45.96	3.38	4.42	50.37
母羊	6	70.42	30.01	42.62	3.31	4.7	47.44

（5）产毛性能。成年公羊平均剪毛量1.25kg，成年母羊平均剪毛量0.94kg。无髓毛平均占52.69%、两型毛占17.89%、有髓毛占16.85%，干死毛占12.57%。

44. 扎什加羊

扎什加羊属毛肉兼用型羊品种。2018年由青海省农业农村厅组织青海省畜牧总站、玉树藏族自治州动物疾病预防控制中心、曲麻莱县农牧业综合服务中心等单位调查发现。2021年1月，扎什加羊被列入《国家畜禽遗传资源目录》。

（1）**外貌特征**。扎什加羊体质结实，体格中等，四肢高而端正，体型呈长方形。头呈斜楔形、较长，头部大多有黑褐色或黄褐色斑块，眼大明亮，额凹，鼻梁高隆，公羊尤其显著，耳大下垂。公母羊均有角，公羊角长60～70厘米，母羊角长40～50厘米，角呈螺旋状向左右平伸，角尖向外张；公羊角比母羊角的螺旋紧，角粗壮、扁大，角色以淡褐为主；大多数个体角基至角尖有棕（黑、白）色线条，幼龄羊尤为明显。背腰平直，肋骨开张良好。骨骼坚实，蹄质致密，尾较长呈扁锥形。体躯被毛主要为白色，被毛短，被毛毛辫比高原型藏羊短，绒毛厚、干死毛多，头肢多杂色，有黄眼圈者居多，大多数个体腹部皮肤有黑色椭圆形斑块（图87、图88）。

图87 扎什加羊公羊　　　　图88 扎什加羊母羊

（2）**体重体尺**。扎什加羊成年羊体重和体尺见表75。

表75　扎什加羊成年羊体重和体尺

性别	数量（只）	体高（cm）	体长（cm）	胸围（cm）	体重（kg）
公	170	68.09 ± 5.60	77.93 ± 4.85	97.10 ± 6.15	55.05 ± 4.0
母	143	67.39 ± 3.46	71.30 ± 5.80	89.71 ± 5.08	44.47 ± 5.27

注：数据来自扎什加羊遗传资源调查申报材料（2018）。

（3）**繁殖性能**。公羊8月龄即有性行为，1.5岁开始配种，3.5岁时配种能力最强，6岁以后配种能力下降。母羊12月龄性成熟，1.5～2岁开始配种，一般秋季配种冬季产羔，妊娠期平均150d，一般1年1胎，1胎1羔，极个别母羊产双羔。母羊乳房发育匀称，母性好。

（4）**产肉性能**。青海省畜牧总站艾德强等（2018）在曲麻莱县主产区选择健康、营养中等的成年、2岁、周岁公、母羊40只进行屠宰性能测定。通过对不同年龄段扎什加羊公、母羊的屠宰性状测定，结果显示，成年公羊平均宰前活重、胴体重、屠宰率和肉骨比依次为57.16kg、28.04kg、49.05%和4.63：1；成年母羊平均宰前活重、胴体重、屠宰率和肉骨比依次为47.69kg、20.23kg、42.46%和4.35：1。在天然放牧无补饲条件下，扎什加羊表现出较好的产肉性能。

（5）**产毛性能**。成年母羊的毛被中，粗毛平均占24.27%，两型毛占21.48%，细毛占40.47%，干死毛占13.79%。成年公羊平均剪毛量2.10kg，净毛率平均75%；成年母羊分别为1.25kg、70%。

（二）培育品种

45. 新疆细毛羊

新疆细毛羊是我国培育的第1个毛肉兼用细毛羊品种。1954年由巩乃斯种羊场等单位培育。

（1）外貌特征。新疆细毛羊被毛为白色，个别羊眼圈、耳、唇有小色斑。体质结实，结构匀称。公羊有螺旋形角，母羊无角；公羊鼻梁稍隆起，母羊鼻梁平；公羊颈部有1～2个横皱褶和发达的纵皱褶。母羊有1个横皱褶或发达的纵皱褶。体躯皮肤宽松，胸宽深，背直而宽，体躯深长，后躯丰满。四肢结实，肢势端正。

被毛呈毛丛结构，闭合良好，密度中等以上，羊毛弯曲明显，各部位毛丛长度和细度均匀。头毛着生至两眼连线，前肢毛着生至腕关节，后肢毛着生至飞节，腹毛着生良好（图89、图90）。

图89　新疆细毛羊公羊

图90　新疆细毛羊母羊

（2）体重和体尺。新疆细毛羊体重和体尺见表76。

表76　新疆细毛羊体重和体尺

羊别	性别	体重（kg）	体高（cm）	体长（cm）	胸围（cm）
成年羊	公	88.0	75.3	81.7	101.7
	母	48.6	65.9	72.7	86.7
周岁羊	公	42.5	64.1	67.7	78.9
	母	35.9	62.7	66.1	79.1

注：数据引自《中国羊品种志》。

（3）繁殖性能。新疆细毛羊8月龄性成熟，公、母羊初配年龄为1.5岁。母羊发情周期平均17d，发情持续期24～48h，妊娠期平均150d。经产母羊平均产羔率130%。

（4）产毛性能。新疆细毛羊平均剪毛量，周岁公羊4.9kg，周岁母羊4.5kg；成年公羊11.57kg，成年母羊5.24kg。平均毛长，周岁公羊7.8cm，周岁母羊7.7cm；成年公羊9.4cm，成年母羊7.2cm。净毛率48.06%～51.53%。羊毛主体细度21.6～23μm。油汗主要为乳白色及淡黄色。

（5）产肉性能。据测定，2.5岁以上羯羊平均宰前活重65.6kg，平均胴体重30.7kg，平均屠宰率46.8%，平均净肉率40.8%。

46. 东北细毛羊

东北细毛羊属毛肉兼用型细毛羊培育品种，1967年由东北三省农业科研单位、大专院校和种羊场联合育种培育形成。1967年由农业部组织鉴定验收，命名为东北细毛羊。

（1）外貌特征。东北细毛羊被毛为白色，体质结实，体格大，结构匀称。公羊有螺旋形角，颈部有1～2个横皱褶；母羊无角，颈部有发达的纵皱褶。胸宽深，背平直，皮肤宽松，体躯无皱褶。后躯丰满，肢势端正。

被毛闭合良好、密度中等，毛纤维均匀度好、弯曲明显。油汗为白色或乳白色、含量适中。头毛着生至两眼连线，前肢毛着生至腕关节，后肢毛着生至飞节。腹毛呈毛丛结构（图91、图92）。

图91 东北细毛羊公羊

图92 东北细毛羊母羊

（2）体重和体尺。东北细毛羊成年羊体重和体尺见表77。

表77 东北细毛羊成年羊体重和体尺

性别	体重（kg）	体高（cm）	体长（cm）	胸围（cm）	胸宽（cm）	胸深（cm）
公	78.80 ± 3.85	71.90 ± 2.46	78.10 ± 1.2	93.80 ± 2.58	24.50 ± 1.0	32.90 ± 1.57
母	51.50 ± 4.02	69.53 ± 4.03	72.82 ± 4.2	91.82 ± 4.42	24.47 ± 2.1	31.92 ± 1.89

注：由辽宁省小东种畜场（2007年）对20只公羊、80只母羊进行测定。

（3）繁殖性能。东北细毛羊公、母羊10月龄性成熟，初配年龄为1.5岁。母羊发情周期平均17d，发情持续期24～30h，妊娠期平均149d。平均产羔率，初产母羊为111%，经产母羊为125%。

（4）产毛性能。东北细毛羊成年羊产毛性能见表78。

表78 东北细毛羊成年羊产毛性能

性别	产毛量（kg）	毛长度（cm）	毛细度（μm）	单纤维强度（g）	伸度（%）	净毛率（%）
公	10.0～13.0	9.0～11.0	24.17 ± 3.8	8.13 ± 3.10	44.35 ± 10.20	45.44 ± 4.82
母	5.5～7.5	7.0～8.5	23.74 ± 3.6	7.54 ± 2.34	42.63 ± 9.58	42.90 ± 7.55

注：由辽宁省小东种畜场（2007）对20只公羊、80只母羊进行测定。

（5）产肉性能。据2007年辽宁省小东种畜场对10只7月龄公羊的测定，宰前活重（40.34 ± 1.25）kg，胴体重（16.23 ± 0.94）kg，净肉重（13.38 ± 0.72）kg，屠宰率平均40.23%，净肉率平均33.16%，肉骨比4.69∶1。

47. 内蒙古细毛羊

内蒙古细毛羊属毛肉兼用细毛羊培育品种。1976年由内蒙古自治区培育而成。

（1）外貌特征。内蒙古细毛羊体质结实，结构匀称。公羊大部分有螺旋形角，颈部有1～2个完全或不完全的横皱褶；母羊无角，颈部有发达的纵皱褶。体躯皮肤宽松、无皱褶。胸宽而深，背腰平直。被毛白色，呈毛丛结构，闭合良好。油汗为白色或浅黄色。头毛着生至两眼连线，前肢毛着生至腕关节，后肢毛着生至飞节（图93至图95）。

图93　内蒙古细毛羊公羊　　　图94　内蒙古细毛羊母羊　　　图95　内蒙古细毛羊群体

（2）体重和体尺。内蒙古细毛羊体重和体尺见表79。

表79　内蒙古细毛羊体重和体尺

羊别	性别	体重（kg）	体高（cm）	体长（cm）	胸围（cm）
成年羊	公	91.4	77.7	79.5	112.4
	母	45.9	65.2	70.3	92.1
周岁羊	公	41.2	66.6	67.9	84.9
	母	35.4	64.8	66.0	83.2

注：数据引自《中国羊品种志》。

（3）繁殖性能。内蒙古细毛羊经产母羊产羔率为110%～123%。

（4）产毛性能。内蒙古细毛羊平均剪毛量，成年公羊11kg，成年母羊5.5kg；羊毛平均长度，成年公羊8.9cm，成年母羊7.2cm。羊毛细度21.6～23.0μm，单纤维强度6.8g，伸度39.7%～44.7%，净毛率36%～45%。

（5）产肉性能。据测定，内蒙古细毛羊1.5岁羯羊屠宰前平均体重49.98kg，平均屠宰率44.9%；5月龄羯羔平均宰前活重39.2kg，屠宰率平均44.1%，净肉率平均33.3%。放牧条件下5月龄羔羊平均日增重223g。

48. 甘肃高山细毛羊

甘肃高山细毛羊属毛肉兼用细毛羊培育品种。1981年由甘肃省培育而成。

（1）外貌特征。甘肃高山细毛羊体格中等，体质结实，结构匀称，体躯长。公羊有螺旋形大角，母羊无角或有小角；公羊颈部有1～2个横褶皱，母羊颈部有发达的纵皱褶。胸宽深，背直，后躯丰满。四肢端正，蹄质结实。被毛闭合良好、密度中等。头毛着生至两眼连线，前肢毛着生至腕关节，后肢毛着生至飞节（图96、图97）。

图96　甘肃高山细毛羊公羊　　　　　图97　甘肃高山细毛羊母羊

（2）体重和体尺。甘肃高山细毛羊体重和体尺见表80。

表80　甘肃高山细毛羊体重和体尺

羊别	性别	体重（kg）	体高（cm）	体长（cm）	胸围（cm）
成年羊	公	75.0	76.5 ± 3.1	77.2 ± 3.2	106.5 ± 4.7
	母	40.0	67.5 ± 2.3	69.7 ± 2.0	88.7 ± 3.7
周岁羊	公	40.0	70.9 ± 2.2	69.9 ± 2.6	88.5 ± 3.2
	母	35.0	64.5 ± 2.4	65.6 ± 2.2	81.7 ± 2.8

注：数据引自《中国羊品种志》。

（3）繁殖性能。甘肃高山细毛羊公、母羊8月龄达到性成熟，经产母羊平均产羔率为110%。

（4）产毛性能。成年公、母羊平均剪毛量，成年公羊8.5kg，成年母羊4.4kg；羊毛平均长度，成年公羊8.24cm，成年母羊7.4cm。羊毛主体细度21.6～23.0μm，单纤维强度6.0～6.83g，伸度36.2%～45.7%。净毛率43%～45%。油汗多为白色或乳白色，黄色较少。

（5）产肉性能。甘肃高山细毛羊产肉能力和沉积脂肪能力良好，肉质鲜嫩、膻味较轻。在终年放牧不补饲的条件下，成年羯羊平均宰前活重57.6kg，平均胴体重25.9kg，平均屠宰率44.97%。

49. 敖汉细毛羊

敖汉细毛羊属毛肉兼用细毛羊培育品种。该品种以敖汉种羊场和敖汉旗为重点育种单位。1960年成立育种委员会。1982年由内蒙古自治区人民政府验收批准为新品种。

（1）外貌特征。敖汉细毛羊体质结实，结构匀称。公羊有螺旋形角，有1～2个完全或不完全的横皱褶；母羊多数无角。公、母羊颈部均有宽松的纵皱褶。体躯深宽而长，被毛闭合良好。头毛着生至两眼连线，前肢毛着生至腕关节，后肢毛着生至飞节。腹毛着生良好（图98、图99）。

图98　敖汉细毛羊公羊

图99　敖汉细毛羊母羊

（2）体重和体尺。敖汉细毛羊体重和体尺见表81。

表81　敖汉细毛羊体重和体尺

羊别	性别	体重（kg）	体高（cm）	体长（cm）	胸围（cm）
成年羊	公	91.0	79.2 ± 3.9	82.3 ± 5.5	114.6 ± 1.4
	母	50.0	68.9 ± 2.6	70.6 ± 2.1	92.2 ± 3.4
育成羊	公	53.0	69.1 ± 3.3	70.4 ± 3.6	89.5 ± 3.5
	母	42.0	66.7 ± 2.7	68.1 ± 2.8	83.7 ± 4.6

注：数据引自《中国羊品种志》。

（3）繁殖性能。敖汉细毛羊公、母羊6～7月龄性成熟，初配年龄为18月龄。母羊8—9月配种，妊娠期平均150d，于翌年1—2月产羔。经产母羊平均产羔率为132.75%。

（4）产毛性能。据测定，敖汉细毛羊平均剪毛量，成年公羊10.7kg，成年母羊6.9kg。平均毛长度，成年公羊9.8cm，成年母羊7.5cm。净毛率36%～42%，羊毛细度以21.6～23.0μm为主，单纤维强度9.24～9.80g，伸度40.6%～47.3%。油汗为乳白色或白色。

（5）产肉性能。在放牧条件下，敖汉细毛羊8月龄羯羊平均宰前活重34.2kg，胴体重14.16kg，屠宰率41.4%；成年羯羊平均宰前活重63.7kg，平均胴体重29.3kg，平均屠宰率46.0%。

50. 中国美利奴羊

中国美利奴羊属毛用细毛羊培育品种。1985年由新疆、内蒙古、吉林联合育种培育而成。

（1）外貌特征。中国美利奴羊体质结实，体躯呈长方形，公羊有螺旋形角，颈部有1～2个横褶或发达的纵皱褶；母羊无角，有发达的纵褶。皮肤宽松，无明显皱褶。鬐甲宽平，胸深宽，背腰长直，尻宽而平，后躯丰满，四肢结实。

头毛密长、长至两眼连线，前肢毛着生至腕关节，后肢毛着生至飞节。腹毛着生良好，呈毛丛结构（图100、图101）。

图100　中国美利奴羊公羊

图101　中国美利奴羊母羊

（2）体重和体尺。中国美利奴羊成年羊体重和体尺见表82。

表82　中国美利奴羊成年羊体重和体尺

羊别	性别	体重（kg）	体高（cm）	体长（cm）	胸围（cm）
成年羊	公	91.8	72.5 ± 2.3	77.5 ± 4.7	105.9 ± 4.3
	母	43.1	66.1 ± 2.5	71.7 ± 1.8	88.2 ± 5.2
育成羊	公	69.2	65.4 ± 2.5	68.1 ± 1.8	92.8 ± 5.2
	母	37.5	63.6 ± 1.8	66.0 ± 2.1	82.9 ± 3.8

注：数据引自《中国羊品种志》。

（3）繁殖性能。中国美利奴羊产羔率为117%～128%，羔羊平均断奶成活率为90.0%。

（4）产毛性能。1985年品种育成时育种协作组对3个省、自治区4个育种场的中国美利奴羊产毛性能进行测定，达到特级指标的成年母羊3 988只，平均毛长10.48cm、污毛量7.21kg、体侧部净毛率60.87%、净毛量4.39kg、剪毛后体重45.84kg；一级羊成年母羊4 629只，平均毛长10.20cm、污毛量6.41kg，体侧部平均净毛率60.84%、被毛主体细度21.6～23.0μm、单纤维强度8.5g左右。用其羊毛试纺，产品的物理性能指标和纺织性能指标达到了进口56型澳毛标准。2017年，贾旭升等对中国美利奴羊长期选育效果的研究表明，中国美利奴羊的毛长度、毛细度、毛密度、毛弯度等主要生产性能指标均在不断提高，其中毛长度增加到11.12cm。

（5）产肉性能。据对中国美利奴羊2.5岁羯羊进行的屠宰测定，平均宰前活重51.9kg，平均胴体重22.94kg，平均净肉重18.04kg，平均屠宰率44.20%，平均净肉率34.76%。

51. 中国卡拉库尔羊

中国卡拉库尔羊俗称波斯羔羊，属羔皮用绵羊品种。由新疆、内蒙古自治区科研、教学、生产单位共同培育而成。

（1）外貌特征。卡拉库尔羊的毛色以黑色为主，少数为灰色、棕色、白色及粉红色，除头部及四肢被毛外，其他部位的毛色随年龄的增长而变化。黑色羔羊到成年后毛色变为黑褐色、灰白色。灰色羔羊到成年后变为浅灰色或白色，彩色羔羊变为棕白色。头稍长，鼻梁隆起，耳大下垂，前额有卷曲毛发。公羊多数有螺旋形大角，向两侧伸展；母羊多数无角，少数有不发达的小角。颈较长，体躯较深长、呈长方形。背腰平直，胸宽深，尻斜。四肢结实、蹄质坚硬。属长脂尾，尾尖呈S状弯曲，下垂直至飞节（图102至图104）。

图102 中国卡拉库尔羊公羊

图103 中国卡拉库尔羊母羊

图104 中国卡拉库尔羊群体

（2）体重和体尺。中国卡拉库尔羊成年羊体重和体尺见表83。

表83 中国卡拉库尔羊成年羊体重和体尺

性别	体重（kg）	体高（cm）	体长（cm）	胸围（cm）	胸宽（cm）	胸深（cm）
公	53.0 ± 14.4	67.4 ± 5.0	72.9 ± 6.59	74.2 ± 3.85	19.1 ± 2.5	29.9 ± 4.6
母	37.5 ± 5.0	60.0 ± 1.4	61.1 ± 1.4	66.5 ± 3.2	19.1 ± 3.8	28.2 ± 5.0

注：2006年9月于内蒙古白绒山羊种羊场测定成年公、母羊各16只。

（3）繁殖性能。中国卡拉库尔羊6～8月龄性成熟，初配年龄为1.5岁。母羊发情主要集中在7—8月，发情周期17～21d，发情持续24～40h，妊娠期148～155d，产羔率105%～130%。羔羊平均初生重，公羔2.5kg，母羔2.0kg。羔羊平均断奶成活率97%。

（4）产肉性能。中国卡拉库尔羊屠宰性能见表84。

表84 中国卡拉库尔羊屠宰性能

性别	宰前活重（kg）	胴体重（kg）	屠宰率（%）	净肉率（%）
公	66.6 ± 3.4	35.2 ± 1.7	52.9 ± 1.8	46.9 ± 1.8
母	44.6 ± 2.5	22.5 ± 1.9	50.4 ± 4.9	42.4 ± 3.1

注：2006年12月在内蒙古白绒山羊种羊场，对10只20月龄公羊和10只13月龄母羊的测定。

（5）产毛性能。中国卡拉库尔羊平均年产毛量，成年公羊2.6kg，成年母羊2.0kg。

（6）羔皮品质。中国卡拉库尔羊羔皮是指羔羊出生后3d宰割所得的羔皮，具有毛色黝黑发亮、花案美观、板质优良等特点。按卷曲形状和结构，可将卷曲分为卧蚕形、肋形、环形、半环形、杯形等，其中以卧蚕形卷曲最佳。毛色以黑色为主，少数为灰色和彩色。

52. 云南半细毛羊

云南半细毛羊属毛肉兼用培育品种。2000年由云南省相关科研和教学单位培育而成。

（1）外貌特征。云南半细毛羊体型中等，结构匀称。头大小适中，额短宽，鼻梁平直、稍有隆起，鼻端为黑色，颈短粗、无皱褶，耳小而直立，公、母羊均无角。体躯宽深，胸宽厚，背腰平直，尻斜。四肢高大，蹄质坚实、呈黑色。被毛全白，毛丛有丝样光泽，油汗适中，羊毛弯曲多为大、中弯（图105、图106）。

图105　云南半细毛羊公羊　　　　　图106　云南半细毛羊母羊

（2）体重和体尺。云南半细毛羊成年羊体重和体尺见表85。

表85　云南半细毛羊成年羊体重和体尺

性别	数量（只）	体重（kg）	体高（cm）	体斜长（cm）	胸围（cm）
公	46	50.1 ± 9.96	65.67 ± 3.99	75.96 ± 3.39	102.36 ± 8.52
母	198	49.4 ± 4.72	60.77 ± 4.03	72.92 ± 3.40	98.57 ± 9.17

注：数据来自2005年测定记录。

（3）繁殖性能。云南半细毛羊母羊初配年龄为12 ～ 18月龄，集中在春、秋两季发情，产羔率106% ～ 118%。

（4）产毛性能。云南半细毛羊平均年产毛量，成年公羊4.69kg，成年母羊5.16kg；毛平均长度，成年公羊13.46cm，成年母羊14.48cm；平均净毛率，成年公羊70%，成年母羊66%。羊毛细度48 ～ 50支。

（5）产肉性能。云南半细毛羊成年羊屠宰性能见表86。

表86　云南半细毛羊成年羊屠宰性能

性别	宰前活重（kg）	胴体重（kg）	屠宰率（%）	净肉重（kg）	净肉率（%）	肉骨比
公	39.77 ± 3.10	18.32 ± 2.05	46.06 ± 2.71	14.77 ± 1.81	37.14 ± 2.60	4.16：1
母	33.53 ± 3.67	14.32 ± 2.05	42.71	11.40 ± 1.92	34.00	3.90：1

注：2005年测定20 ～ 24月龄公、母羊各15只。

53. 新吉细毛羊

新吉细毛羊属细毛羊培育品种。2003年由新疆畜牧科学院、新疆农垦科学院、吉林省农业科学院等单位联合育种培育而成。

（1）外貌特征。新吉细毛羊体质结实，体躯呈长方形。公羊多数有螺旋形角，少数无角，颈部有1～2个横皱褶或发达的纵皱褶；母羊无角，颈部有发达的纵褶。公、母羊体躯皮肤宽松、无明显的皱褶。头毛密长，着生至两眼连线，外形似帽状。鬐甲宽平，胸深宽，背腰平直，尻宽而平，后躯丰满。四肢结实，肢势端正。

被毛为白色，呈毛丛结构，闭合良好，密度大。羊毛细度以18.1～20.0μm为主，长度不短于8.0cm。各部位毛丛长度和细度均匀，弯曲明显。油汗白色或乳白色，含量适中，分布均匀。体侧净毛率不低于50%。前肢毛着生至腕关节，后肢毛着生至飞节。腹毛着生良好，呈毛丛结构（图107、图108）。

图107　新吉细毛羊公羊　　　　　　　图108　新吉细毛羊母羊

（2）体重和体尺。新吉细毛羊成年羊体重和体尺见表87。

表87　新吉细毛羊成年羊体重和体尺

性别	数量（只）	体重（kg）	体长（cm）	体高（cm）	胸围（cm）	胸深（cm）
公	79	89.0 ± 3.80	73.82 ± 5.32	72.55 ± 3.93	103.04 ± 7.08	34.59 ± 2.22
母	367	53.5 ± 5.50	67.81 ± 3.14	64.90 ± 2.50	89.14 ± 4.64	29.47 ± 1.48

注：2002年对核心群的测定数据。

（3）繁殖性能。新吉细毛羊母羊产羔率115%～120%，羔羊断奶成活率85%～95%。

（4）产毛性能。新吉细毛羊产毛性能见表88。

表88　新吉细毛羊产毛性能

羊别	群别	数量（只）	细度（μm）	剪毛量（kg）	净毛量（kg）	净毛率（%）	毛长度（cm）
成年母羊	核心群	1 527	19.22 ± 1.56	7.6 ± 1.62	4.96 ± 1.46	65.1	9.82 ± 1.20
	育种群	1 727	20.26 ± 1.55	6.56 ± 1.4	3.67 ± 1.34	56.24	9.40 ± 0.98
育成母羊	核心群	818	18.76 ± 1.44	6.80 ± 1.6	4.10 ± 1.15	60.1	11.28 ± 1.21
	育种群	1 089	19.69 ± 1.82	5.87 ± 1.5	3.56 ± 1.27	60.51	10.82 ± 1.06

54. 巴美肉羊

巴美肉羊属肉毛兼用品种，由内蒙古巴彦淖尔市家畜改良工作站等单位培育而成。2007年经国家畜禽遗传资源委员会审定通过后正式命名。

（1）外貌特征。巴美肉羊被毛为白色，呈毛丛结构，闭合性良好。皮肤为粉色。体格较大，体质结实，结构匀称，骨骼粗壮结实，肌肉丰满，肉用体型明显、呈圆筒形。头呈三角形，公、母羊均无角，颈短宽。胸宽而深，背腰平直，体躯较长。四肢坚实有力，蹄质结实。属短瘦尾，呈下垂状。头部至两眼连线覆盖有细毛（图109至图111）。

图109　巴美肉羊公羊

图110　巴美肉羊母羊

图111　巴美肉羊群体

（2）体重和体尺。巴美肉羊成年羊体重和体尺见表89。

表89　巴美肉羊成年羊体重和体尺

性别	数量（只）	体重（kg）	体高（cm）	体长（cm）	胸围（cm）	管围（cm）
公	30	109.9 ± 3.8	80.1 ± 1.7	83.1 ± 2.1	116.4 ± 1.4	15.9 ± 1.5
母	82	63.3 ± 2.3	72.1 ± 1.6	73.4 ± 1.3	100.3 ± 3.5	13.1 ± 1.3

注：2006年10月内蒙古自治区家畜改良工作站、巴彦淖尔市家畜改良工作站在乌拉特前旗种羊场测定。

（3）繁殖性能。巴美肉羊公羊8～10月龄、母羊5～6月龄性成熟。初配年龄，公羊为10～12月龄，母羊为7～10月龄。母羊季节性发情，一般集中在8—11月，发情周期14～18d，妊娠期146～156d。平均产羔率126%，羔羊平均断奶成活率98.1%。羔羊平均初生重，公羔4.7kg，母羔4.6kg。羔羊平均断奶重，公羔25.8kg，母羔25.0kg。

（4）产肉性能。据2006年对18只巴美肉羊成年公羊的测定，宰前活重（109.8 ± 3.8）kg，胴体重（55.3 ± 1.9）kg，屠宰率（50.4 ± 0.2）%，净肉重（39.0 ± 1.4）kg，平均净肉率35.5%。肉质细嫩、膻味轻、口感好。据测定，肌肉中平均水分含量70.41%、干物质29.59%、粗蛋白质22.59%、粗脂肪3.88%、粗灰分3.12%。

（5）产毛性能。据对乌拉特前旗种羊场巴美肉羊种羊的测定，被毛为同质毛，平均产毛量（7.1 ± 0.2）kg，净毛率（48.5 ± 0.2）%，羊毛自然长度（7.9 ± 0.2）cm、伸直长度（11.1 ± 0.3）cm、伸度（40.6 ± 0.4）%，毛纤维直径（22 ± 0.5）μm，单纤维强度（7.7 ± 0.2）g。

55. 彭波半细毛羊

彭波半细毛羊属毛肉兼用半细毛羊培育品种。2008年由西藏自治区农业科学院等单位培育而成。

（1）外貌特征。彭波半细毛羊被毛为白色，个别个体鼻镜及四肢有小的色斑。体质结实，结构匀称，体躯呈圆筒形。头中等大小。公羊大多数有螺旋形大角，鼻梁稍微隆起；母羊无角或有小角，鼻梁平直。耳大，向前、向下。胸宽深，背腰平直。四肢粗壮，蹄质坚实。尾长，呈圆锥形（图112、图113）。

图112　彭波半细毛羊公羊

图113　彭波半细毛羊母羊

（2）体重和体尺。彭波半细毛羊成年羊体重和体尺见表90。

表90　彭波半细毛羊成年羊体重和体尺

性别	数量（只）	体重（kg）	体高（cm）	体长（cm）	胸围（cm）	管围（cm）
公	45	45.5 ± 2.61	62.55 ± 2.46	68.33 ± 2.75	75.56 ± 2.29	6.69 ± 0.37
母	33	28.5 ± 2.05	55.86 ± 2.67	61.97 ± 2.97	63.99 ± 3.39	6.72 ± 0.41

注：数据来自2008年测定记录。

（3）繁殖性能。彭波半细毛羊8～9月龄性成熟，初配年龄为1.5～2.5岁。母羊秋季发情，年产1胎，产羔率80.4%。据2008年测定，初生重，公羔（2.57±0.50）kg、母羔（2.41±0.55）kg。120日龄左右断奶，断奶重，公羔（11.68±2.39）kg，母羔（11.09±2.41）kg。

（4）产毛性能。据测定，彭波半细毛羊剪毛量，公羊（2.16±0.47）kg，母羊（1.83±0.45）kg；毛长度，公羊（9.08±1.24）cm，母羊（8.63±1.45）cm。毛细度25.1～31.0μm，其中主体细度25.1～29.0μm，净毛率50%～55%。

（5）产肉性能。彭波半细毛羊成年羯羊平均屠宰率为45%，放牧育肥的当年羯羊平均胴体重10kg以上。

56. 凉山半细毛羊

凉山半细毛羊属毛肉兼用半细毛羊培育品种。1997年由四川省有关单位培育而成。

（1）外貌特征。凉山半细毛羊体质结实，结构匀称，体格中等。公、母羊均无角。胸部宽深，背腰平直，体躯呈圆筒状。四肢坚实，姿势端正。被毛白色同质、光泽强、均匀度好，呈较大波浪形辫状毛丛结构。头毛着生至两眼连线，前额有小绺毛。腹毛着生良好（图114至图116）。

图114 凉山半细毛羊公羊

图115 凉山半细毛羊母羊

图116 凉山半细毛羊群体

（2）体重和体尺。凉山半细毛羊体重和体尺见表91。

表91 凉山半细毛羊体重和体尺

羊别	性别	数量（只）	体重（kg）	体高（cm）	体长（cm）	胸围（cm）
周岁羊	公	35	56.38 ± 0.12	66.70 ± 2.70	76.50 ± 3.90	91.80 ± 1.50
	母	32	38.07 ± 0.24	62.50 ± 3.70	71.50 ± 3.70	84.50 ± 3.70
成年羊	公	79	61.32 ± 4.37	73.37 ± 8.75	76.54 ± 8.96	101.92 ± 7.46
	母	123	48.63 ± 7.15	65.16 ± 7.51	71.19 ± 6.11	92.37 ± 3.94

注：数据来自2005年测定记录。

（3）繁殖性能。凉山半细毛羊母羊初配年龄为10～18月龄，平均产羔率108.36%，羔羊平均断奶成活率93%。

（4）产毛性能。据测定，特一级羊平均剪毛量，成年公羊6.49kg，育成公羊4.61kg，成年母羊3.96kg，育成母羊3.31kg。平均毛长度，成年公羊17.19cm，育成公羊15.64cm，成年母羊14.56cm，育成母羊14.37cm。羊毛细度48～50支，平均净毛率66.7%。

（5）产肉性能。凉山半细毛羊屠宰性能见表92。

表92 凉山半细毛羊屠宰性能

羊别	数量（只）	宰前活重（kg）	胴体重（kg）	屠宰率（%）	净肉重（kg）	净肉率（%）
8月龄公羊	15	47.67	24.30	50.98	19.68	41.28
12月龄母羊	10	31.50	15.80	50.16	11.89	37.75

注：数据来自2005年测定记录。

57. 青海毛肉兼用细毛羊

青海毛肉兼用细毛羊属毛肉兼用细毛羊培育品种。1976年由青海省三角城种羊场育成。

（1）外貌特征。青海毛肉兼用细毛羊被毛为白色，体质结实，结构匀称。胸宽深，背腰平直。公羊有螺旋形大角，颈部有1～2个完全或不完全的横皱褶；母羊多数无角、少数有小角，颈部有发达的纵皱褶。头毛着生至两眼连线，前肢毛着生至腕关节，后肢毛着生至飞节（图117、图118）。

图117　青海毛肉兼用细毛羊公羊

图118　青海毛肉兼用细毛羊母羊

（2）体重和体尺。青海毛肉兼用细毛羊成年羊体重和体尺见表93。

表93　青海毛肉兼用细毛羊成年羊体重和体尺

性别	体重（kg）	体高（cm）	体长（cm）	胸围（cm）
公	81.00 ± 7.94	77.45 ± 4.36	84.35 ± 4.25	112.95 ± 9.90
母	37.31 ± 3.53	67.91 ± 2.56	72.11 ± 2.30	86.96 ± 4.35

注：1976年由三角城羊场对19只公羊、79只母羊进行测定。

（3）繁殖性能。公、母羊10月龄达到性成熟，初配年龄为1.5岁。母羊10—11月配种，产羔率102%～107%。青海毛肉兼用细毛羊羔羊初生重，公羔（3.80 ± 0.47）kg，母羔（3.60 ± 0.47）kg；断奶重，公羔（22.23 ± 2.28）kg，母羔（19.73 ± 2.56）kg。羔羊120日龄断奶，断奶成活率平均96%。

（4）产毛性能。据三角城羊场对核心群羊产毛生产性能的测定，剪毛量，成年公羊（8.49 ± 1.42）kg，成年母羊（5.23 ± 0.18）kg；育成公羊（5.26 ± 0.80）kg，育成母羊（4.60 ± 0.15）kg。剪毛前体重，成年公羊（96.84 ± 1.58）kg，成年母羊（36.95 ± 1.06）kg。毛长度，成年公羊（9.77 ± 0.92）cm，成年母羊（9.23 ± 0.09）cm。平均净毛率，成年公羊47.3%，成年母羊42.6%。羊毛细度20.1～25.0μm，单纤维强度（8.47 ± 1.44）g。羊毛纺织性能良好，据青海省第三毛纺织厂试纺，原毛成套性好，成品手感好、质地洁白、离散系数小。

（5）产肉性能。育肥羊宰前活重（48.23 ± 3.56）kg，胴体重（19.83 ± 1.55）kg，平均屠宰率41.12%，净肉重（16.91 ± 1.51）kg，平均净肉率35.06%。

58. 青海高原毛肉兼用半细毛羊

青海高原毛肉兼用半细毛羊属毛肉兼用半细毛羊培育品种，简称青海高原半细毛羊。1987年由青海省培育而成。

（1）外貌特征。青海高原毛肉兼用半细毛羊公羊大多有螺旋形角，母羊无角或有小角。体躯呈长方形、粗而短，背腰平直，骨骼粗壮结实。头宽、大小适中，耳小、宽厚。头毛覆盖至眼线，前肢毛着生至腕关节，后肢毛着生至飞节。蹄壳呈黑色（图119、图120）。

图119 青海高原毛肉兼用半细毛羊公羊　　图120 青海高原毛肉兼用半细毛羊母羊

（2）体重和体尺。青海高原毛肉兼用半细毛羊成年羊体重和体尺见表94。

表94 青海高原毛肉兼用半细毛羊成年羊体重和体尺

性别	数量（只）	体重（kg）	体高（cm）	体长（cm）	胸围（cm）
公	20	65.50 ± 4.35	71.2 ± 4.8	80.8 ± 5.6	98.4 ± 9.5
母	80	37.53 ± 5.86	63.6 ± 2.1	70.5 ± 4.1	83.6 ± 5.7

注：数据来自2006年测定记录。

（3）繁殖性能。青海高原毛肉兼用半细毛羊一般1.5岁配种，母羊多产单羔，平均产羔率102%，羔羊断奶成活率65%～75%。

（4）产毛性能。青海高原毛肉兼用半细毛羊产毛性能见表95。

表95 青海高原毛肉兼用半细毛羊产毛性能

类型	性别	产毛量（kg）	毛长度（cm）	毛细度（μm）
环湖型	公	5.26 ± 0.85	10.97 ± 1.08	55.20 ± 2.11
	母	2.96 ± 0.56	9.67 ± 1.06	56.27 ± 0.70
柴达木型	公	3.84 ± 0.79	10.53 ± 1.06	55.07 ± 2.71
	母	1.70 ± 0.25	9.07 ± 1.53	55.73 ± 1.68

注：2008年测定成年公、母羊各15只。

59. 鄂尔多斯细毛羊

鄂尔多斯细毛羊属毛肉兼用细毛羊培育品种。由内蒙古自治区家畜改良工作站、鄂尔多斯市家畜改良工作站及其下属旗县改良站联合培育而成，1985年由内蒙古自治区人民政府正式验收命名。

图121　鄂尔多斯细毛羊公羊

（1）外貌特征。鄂尔多斯细毛羊全身被毛为白色。体躯呈长方形，体质结实，结构匀称。头大小适中，公、母羊均无角，额宽平，额部毛至两眼连线，鼻梁平直。颈肩结合良好，颈部有1～2个完整或不完整的横皱褶，母羊颈部有纵皱褶或宽松的皮肤。胸宽而深，背腰平直，尻部稍斜。四肢坚实有力，姿势端正，蹄质坚硬、呈淡黄色或褐色。尾短小（图121、图122）。

图122　鄂尔多斯细毛羊母羊

（2）体重和体尺。鄂尔多斯细毛羊成年羊体重和体尺见表96。

（3）繁殖性能。鄂尔多斯细毛羊公、母羊均8～12月龄性成熟。初配年龄，公、母羊均为16～18月龄，母羊发情主要集中在8—11月，发情周期15～18d，妊娠期145～155d，平均产羔率105%，羔羊平均断奶成活率98%。羔羊平均初生重，公羔3.6kg，母羔3.3kg；平均断奶重，公羔33.0kg，母羔30.2kg。

表96　鄂尔多斯细毛羊成年羊体重和体尺

性别	只数	体重（kg）	体高（cm）	体长（cm）	胸围（cm）	管围（cm）
公	20	94.8±13.2	78.6±2.9	80.8±2.4	117.0±3.7	10.4±0.3
母	80	51.3±4.2	69.6±3.2	71.1±2.9	88.6±4.7	9.2±0.3

注：2006年9月由内蒙古自治区家畜改良工作站、鄂尔多斯市家畜改良工作站、乌审旗家畜改良工作站在乌审旗嘎鲁图苏木进行测定。

（4）产肉性能。鄂尔多斯细毛羊周岁羊屠宰性能见表97。

表97　鄂尔多斯细毛羊周岁羊屠宰性能

性别	宰前活重（kg）	胴体重（kg）	屠宰率（%）	骨重（kg）
公	40.1±2.1	18.4±0.8	45.9±0.8	4.1±0.1
母	30.3±1.7	13.5±0.6	44.6±0.9	3.4±0.1

注：2007年10月在乌审旗嘎鲁图苏木测定公、母羊各15只。

（5）产毛性能。鄂尔多斯细毛羊成年羊产毛性能见表98。

表98　鄂尔多斯细毛羊成年羊产毛性能

性别	数量（只）	产毛量（kg）	毛长度（cm）	毛细度（μm）	毛伸直长度（cm）	净毛率（%）
公	20	11.76±0.89	10.00±0.67	21.54±2.23	15.00±1.00	51.51±3.41
母	80	4.96±0.25	9.00±0.62	20.52±2.06	13.50±0.92	53.03±3.79

60. 呼伦贝尔细毛羊

呼伦贝尔细毛羊属毛肉兼用细毛羊培育品种。1995年由内蒙古自治区人民政府正式验收命名。

图123　呼伦贝尔细毛羊公羊

（1）外貌特征。呼伦贝尔细毛羊被毛为白色，皮肤为粉红色。体质结实，结构匀称，体格较大。头大小适中，额宽平，鼻微隆，耳平伸。颈肩结合良好，颈短粗。公羊有螺旋角或无角，颈部有1～2个横皱褶或较发达的纵皱褶；母羊无角，颈部有纵皱褶、皮肤宽松。胸宽而深，肋骨开张，背腰平直，后躯较丰满，尻宽而斜。四肢端正，蹄质结实。尾细长（图123至图125）。

图124　呼伦贝尔细毛羊母羊

图125　呼伦贝尔细毛羊群体

（2）体重和体尺。呼伦贝尔细毛羊成年羊体重和体尺见表99。

表99　呼伦贝尔细毛羊成年羊体重和体尺

性别	数量（只）	体重（kg）	体高（cm）	体长（cm）	胸围（cm）	管围（cm）
公	40	69.5 ± 1.9	71.3 ± 2.7	75.1 ± 2.0	95.7 ± 2.5	10.6 ± 0.8
母	82	46.8 ± 6.1	69.9 ± 2.3	73.6 ± 1.5	94.7 ± 2.7	8.4 ± 0.5

注：2006年6月在扎兰屯市测定。

（3）繁殖性能。呼伦贝尔细毛羊公羊8～10月龄、母羊6～7月龄性成熟，初配年龄公、母羊均为18月龄。母羊发情多集中在7—12月，发情周期16～18d，妊娠期平均150d，平均产羔率114.9%，羔羊平均断奶成活率95%。羔羊平均初生重，公羔4.9kg，母羔4.3kg。

（4）产肉性能。据2006年12月在扎兰屯市对呼伦贝尔细毛羊23只成年羯羊的测定，平均宰前活重（64.8±2.9）kg，胴体重（33.3±1.6）kg，净肉重（27.5±2.0）kg，平均屠宰率51.4%，平均净肉率42.4%，肉骨比4.7∶1。

（5）产毛性能。呼伦贝尔细毛羊产毛性能见表100。

表100　呼伦贝尔细毛羊产毛性能

性别	产毛量（kg）	毛长度（cm）	净毛率（%）
公	8.43 ± 0.19	9.92 ± 0.27	47.58 ± 1.04
母	5.19 ± 0.23	8.31 ± 0.62	48.57 ± 4.91

注：2006年12月在扎兰屯市测定成年公、母羊各23只。

61. 科尔沁细毛羊

科尔沁细毛羊属毛肉兼用细毛羊培育品种。1987年5月由内蒙古自治区人民政府正式验收，命名为"科尔沁细毛羊"，是由内蒙古自治区自主培育的一个绵羊品种。

（1）外貌特征。科尔沁细毛羊被毛为白色，皮肤为粉红色。体质结实，结构匀称，体格中等大小。头大小适中，额宽平，鼻梁隆起，耳平伸或半下垂状、耳壳薄。公羊有螺旋形角或无角，颈部有1～2个横皱褶；母羊无角，颈部有纵皱褶或宽松的皮肤。体躯呈长方形，胸宽深，背平直，肋骨开张，部分羊尻稍斜。四肢粗壮，蹄质坚硬。尾形瘦长。前肢毛着生至腕关节，后肢毛着生至飞节，头毛着生至两眼连线（图126至图128）。

图126 科尔沁细毛羊公羊

图127 科尔沁细毛羊母羊

图128 科尔沁细毛羊群体

（2）体重和体尺。科尔沁细毛羊成年羊体重和体尺见表101。

表101 科尔沁细毛羊成年羊体重和体尺

性别	数量（只）	体重（kg）	体高（cm）	体长（cm）	胸围（cm）
公	20	63.7 ± 1.8	69.0 ± 1.4	79.2 ± 1.5	100.0 ± 2.8
母	80	41.0 ± 4.4	63.4 ± 0.7	77.3 ± 5.0	84.8 ± 8.5

注：2006年10月由内蒙古自治区家畜改良工作站、通辽市家畜改良工作站在奈曼旗测定。

（3）繁殖性能。科尔沁细毛羊公羊8月龄、母羊7月龄性成熟，初配年龄公羊1.5岁、母羊1岁。母羊发情多集中在秋季，发情周期平均18d，妊娠期平均150d，产羔率平均123%。羔羊平均初生重，公羔3.9kg，母羔3.9kg；80～100日龄平均断奶重，公羔13.1kg，母羔12.3kg。羔羊平均断奶成活率98%。

（4）产肉性能。据2006年12月通辽市家畜改良工作站对奈曼旗30只成年羯羊的测定，宰前活重（54.4 ± 0.3）kg，胴体重（22.7 ± 0.39）kg，屠宰率（41.7 ± 0.8）%，肉骨比4.1∶1。

（5）产毛性能。科尔沁细毛羊成年羊产毛性能见表102。

表102 科尔沁细毛羊成年羊产毛性能

性别	数量（只）	产毛量（kg）	毛长度（cm）	毛细度（μm）	伸直长度（cm）	净毛率（%）
公	20	9.03 ± 0.47	9.89 ± 0.56	22.50 ± 0.08	14.90 ± 1.17	54.14 ± 0.49
母	80	5.36 ± 0.60	9.86 ± 0.57	22.69 ± 0.35	14.58 ± 1.02	54.14 ± 0.30

注：2006年5月由通辽市家畜工作站在科左中旗测定。

62. 乌兰察布细毛羊

乌兰察布细毛羊属毛肉兼用细毛羊培育品种。1994年6月由内蒙古自治区人民政府正式验收命名。

（1）外貌特征。乌兰察布细毛羊全身被毛为白色，皮肤为粉红色。体格较大，体质结实，结构匀称。头大小适中，耳小、半下垂，眼大有神。公羊有螺旋形角或无角，额宽平，头毛着生至两眼连线，鼻平直，颈粗短，颈部有1～2个完全或不完全的横皱褶；母羊无角或有角基，颈细长，颈部皮肤宽松。胸宽而深，肋骨开张良好，背腰平直，后躯较丰满。四肢结实，蹄质坚硬、呈褐色。尾短瘦（图129、图130）。

图129　乌兰察布细毛羊公羊　　　　　　图130　乌兰察布细毛羊母羊

（2）体重和体尺。乌兰察布细毛羊成年羊体重和体尺见表103。

表103　乌兰察布细毛羊成年羊体重和体尺

性别	数量（只）	体重（kg）	体高（cm）	体长（cm）	胸围（cm）	管围（cm）
公	20	69.6 ± 6.6	72.9 ± 3.0	81.8 ± 4.1	104.1 ± 7.2	11.2 ± 0.8
母	80	58.5 ± 4.4	68.2 ± 3.2	73.5 ± 3.7	93.5 ± 5.7	9.1 ± 0.9

注：2006年9月于化德县种羊场测定。

（3）繁殖性能。乌兰察布细毛羊公羊6～9月龄、母羊6～8月龄性成熟；初配年龄，公羊为17～19月龄，母羊为15～18月龄。母羊季节性发情，一般集中在9—11月，发情周期14～19d，妊娠期146～161d，平均产羔率112%，羔羊平均断奶成活率97%。羔羊平均初生重，公羔4.1kg，母羔4.0kg；平均断奶重，公羔23.5kg，母羔22.9kg。

（4）产肉性能。据2006年9月在乌兰察布市种羊场对乌兰察布细毛羊20只成年羯羊的测定，平均宰前活重（52.7 ± 4.3）kg，胴体重（26.3 ± 2.4）kg，净肉重（21.7 ± 0.7）kg，屠宰率49.9%，净肉率41.2%，肉骨比4.6：1。

（5）产毛性能。乌兰察布细毛羊成年羊产毛性能见表104。

表104　乌兰察布细毛羊成年羊产毛性能

性别	数量（只）	产毛量（kg）	毛长度（cm）	毛细度（μm）
公	20	9.75 ± 0.59	10.9 ± 0.8	20.2 ± 1.0
母	80	5.96 ± 0.61	8.9 ± 0.8	20.8 ± 1.0

注：2007年4月于乌兰察布市种羊场测定。

63. 兴安毛肉兼用细毛羊

兴安毛肉兼用细毛羊简称兴安细毛羊，属毛肉兼用细毛羊培育品种。1991年6月由内蒙古自治区人民政府正式命名。

（1）外貌特征。兴安毛肉兼用细毛羊被毛为白色。体质结实，结构匀称，体格较大。公羊有螺旋形角或无角，颈部有1～2个完全或不完全的横皱褶；母羊无角，有较发达的纵皱褶。胸宽深，背腰平直，体躯较丰满。四肢粗壮，肢势端正。头毛着生至两眼连线，前肢毛着生至腕关节，后肢毛着生至飞节。尾细长（图131至图133）。

图131 兴安毛肉兼用细毛羊公羊　图132 兴安毛肉兼用细毛羊母羊　图133 兴安毛肉兼用细毛羊群体

（2）体重和体尺。兴安毛肉兼用细毛羊成年羊体重和体尺见表105。

表105　兴安毛肉兼用细毛羊成年羊体重和体尺

性别	数量（只）	体重（kg）	体高（cm）	体长（cm）	胸围（cm）	管围（cm）
公	30	78.0 ± 4.2	71.1 ± 2.6	73.3 ± 3.2	118.8 ± 7.4	8.6 ± 0.5
母	85	51.6 ± 4.3	67.6 ± 3.2	68.5 ± 2.9	100.8 ± 7.2	8.0 ± 0.6

注：2006年10月于公主岭种羊场测定。

（3）繁殖性能。兴安毛肉兼用细毛羊公羊8～10月龄、母羊5.5～7月龄性成熟。初配年龄，公、母羊均为17～21月龄。母羊季节性发情，一般集中在8—11月，发情周期16～20d，妊娠期144～152d，平均产羔率113%，羔羊平均断奶成活率91%。羔羊平均初生重，公羔4.8kg，母羔4.3kg；平均断奶重，公羔18.5kg，母羔18.6kg；哺乳期平均日增重120g。

（4）产肉性能。2006年10月于公主岭种羊场测定兴安毛肉兼用细毛羊15只成年羯羊，平均宰前活重（58.4 ± 3.7）kg，胴体重（29.6 ± 1.9）kg，屠宰率50.7%，净肉率（42.2 ± 0.1）%，肉骨比5.0：1。

（5）产毛性能。兴安毛肉兼用细毛羊成年羊产毛性能见表106。

表106　兴安毛肉兼用细毛羊成年羊产毛性能

性别	产毛量（kg）	毛长度（cm）	毛细度（μm）	净毛率（%）
公	10.15 ± 0.75	10.27 ± 1.13	20.01 ± 1.19	54.82 ± 4.84
母	6.22 ± 0.27	9.20 ± 0.77	20.26 ± 1.22	51.41 ± 6.32

注：2007年4月由兴安盟家畜改良工作站于公主岭种羊场测定成年公、母羊各15只。

64. 内蒙古半细毛羊

内蒙古半细毛羊属毛肉兼用半细毛羊培育品种。1991年5月由内蒙古自治区人民政府正式验收命名。

（1）外貌特征。内蒙古半细毛羊被毛为白色，眼缘、鼻端、嘴唇周围多有色斑，皮肤厚而紧密。公羊一般无角或有不发达的角基，母羊无角。头短而宽，额宽平、鼻梁平直或略微隆起，耳呈半下垂状、耳端尖。颈短粗、无皱褶，体躯呈圆筒形，胸宽深，背平直，尻较宽，后躯较丰满。四肢端正，蹄质坚实，蹄壳多黑白相间。头毛着生至两眼连线，前额有丛毛下垂，前肢毛着生至膝关节，后肢毛着生至飞节。尾长大于尾宽，呈倒三角形（图134至图136）。

图134　内蒙古半细毛羊公羊

图135　内蒙古半细毛羊母羊

图136　内蒙古半细毛羊群体

（2）体重和体尺。内蒙古半细毛羊成年羊体重和体尺见表107。

表107　内蒙古半细毛羊成年羊体重和体尺

性别	数量（只）	体重（kg）	体高（cm）	体长（cm）	胸围（cm）	管围（cm）
公	20	75.3 ± 9.8	73.5 ± 3.6	80.0 ± 3.6	95.2 ± 9.8	9.6 ± 0.6
母	80	58.7 ± 4.9	69.1 ± 2.6	72.8 ± 2.4	93.2 ± 2.3	8.9 ± 0.7

注：2006年9月由乌兰察布市家畜改良站在察右后旗种羊场测定。

（3）繁殖性能。内蒙古半细毛羊公羊7～10月龄、母羊6～8月龄性成熟。初配年龄，公羊为18～24月龄，母羊为18月龄。母羊发情多集中在秋季，发情周期14～19d，妊娠期平均150d，平均产羔率110%，羔羊平均断奶成活率98%。羔羊平均初生重，公羔4.1kg，母羔3.8kg；羔羊平均断奶重，公羔24.0kg，母羔19.3kg。

（4）产肉性能。2006年9月在察右后旗种羊场测定内蒙古半细毛羊20只成年羊，平均宰前活重（75.3±9.8）kg，胴体重（38.0±10.3）kg，净肉重（23.7±4.0）kg，屠宰率（50.5±0.8）%，净肉率（31.5±4.3）%。

（5）产毛性能。据2007年5月乌兰察布市家畜改良站对察右后旗种羊场的半细毛羊进行的测定，平均产毛量，公羊6.23kg，母羊3.42kg。羊毛平均长度，公羊14cm，母羊12.22cm；羊毛平均细度，公羊28.4μm，母羊25.85μm。

65. 陕北细毛羊

陕北细毛羊属毛肉兼用细毛羊培育品种。1985年由陕西省科学技术委员会和省农牧厅批准命名。2010年国家畜禽遗传资源委员会认定。

（1）外貌特征。陕北细毛羊体格中等偏小，结构匀称。头大小适中。公羊鼻梁隆起，有螺旋形大角，颈部有1～2个完全或不完全的横皱褶；母羊鼻梁平直，无角或有小角，颈部有发达的纵皱褶或皮肤宽松。胸部宽深，背腰平直，腹不下垂，后躯丰满。四肢端正，蹄质坚实，蹄色蜡黄。瘦长尾。被毛为全白色，皮肤为粉红色，毛丛闭合性良好。羊毛弯曲明显，以中、小弯曲为主；被毛均匀度好；头部细毛着生至两眼连线，前肢细毛达腕关节，后肢毛达飞节或飞节以下（图137、图138）。

图137 陕北细毛羊公羊

图138 陕北细毛羊母羊

（2）体重和体尺。陕北细毛羊成年羊体重和体尺见表108。

表108 陕北细毛羊成年羊体重和体尺

性别	数量（只）	体重（kg）	体高（cm）	体长（cm）	胸围（cm）
公	30	61.37 ± 8.36	79.13 ± 0.86	79.97 ± 0.61	126.8 ± 2.14
母	80	41.36 ± 2.24	74.79 ± 0.92	75.81 ± 0.48	110.44 ± 2.67

注：2007年5月在定边县种羊场测定。

（3）繁殖性能。陕北细毛羊初情期为4～6月龄，8～12月龄达到性成熟。公、母羊在1.5岁参加配种，一般在8—11月发情配种，舍饲条件下，可实现2年3产。母羊发情周期平均17.38d，发情持续期平均24.25h，妊娠期平均147.83d，平均产羔率103.7%。羔羊平均初生重，公羔3.99kg，母羔3.75kg；120日龄平均断奶重，公羔23.23kg，母羔22.39kg。

（4）产毛性能。陕北细毛羊成年公羊平均污毛产量11.12kg，平均净毛产量4.7kg；成年母羊平均污毛产量5.19kg，平均净毛产量2.35kg。羊毛平均自然长度，成年公羊8.4cm，成年母羊7.64cm。油汗多为白色或乳白色。

（5）产肉性能。据对定边县种羊场、神木种羊场及周边10个农户屠宰的1.5～2.5岁陕北细毛羊17只羯羊的测定，在舍饲条件下，平均宰前活重（47.38±7.34）kg，胴体重（22.7±4.94）kg，屠宰率47.91%。

66. 昭乌达肉羊

昭乌达肉羊属肉毛兼用培育品种，由赤峰市家畜改良工作站、内蒙古自治区畜牧工作站等单位培育而成。2012年经国家畜禽遗传资源委员会审定通过后正式命名。

（1）外貌特征。昭乌达肉羊为以肉为主的肉毛兼用羊，体格较大，体质结实，结构匀称。胸部宽而深，背腰平直，臀部宽广，四肢结实，后肢健壮。肌肉丰满，肉用体型明显，具有早熟性。被毛白色，闭合良好，无角，颈部无皱褶（或有1～2个不明显的皱褶），头部至两眼连线、前肢至腕关节和后肢至飞节均覆盖有细毛（图139至图141）。

图139 昭乌达肉羊公羊

图140 昭乌达肉羊母羊

图141 昭乌达肉羊群体

（2）体重和体尺。昭乌达肉羊成年羊体重和体尺见表109。

表109 昭乌达肉羊成年羊体重和体尺

性别	数量（只）	体重（kg）	体高（cm）	体长（cm）	胸围（cm）
公	600	96	80	90	120
母	200	56	66	70	95

注：2020年7月赤峰市畜牧工作站、克什克腾旗畜牧工作站、阿鲁科尔沁旗畜牧工作站、巴林右旗畜牧工作站、翁牛特旗畜牧工作站测定。

（3）繁殖性能。昭乌达肉羊公、母羊7～9月龄性成熟，母羊12月龄可进行第1次配种。季节性发情，母羊平均发情周期为16～18d，发情持续期为24～48h，妊娠期平均为148d，经产母羊平均产羔率达150%以上。

（4）产肉性能。昭乌达肉羊生长发育较快，6月龄平均日增重，公羔（235.0±20.0）g，母羔（180.3±16.7）g。6月龄公羔屠宰后平均胴体重21kg，平均屠宰率47.4%，胴体平均净肉率为76.3%。12月龄羯羊屠宰后平均胴体重35.6kg，平均屠宰率49.8%，胴体平均净肉率为78%。

（5）产毛性能。昭乌达肉羊产毛量较高，羊毛品质较好，细度均匀，细度22～23μm。成年母羊平均剪毛量5.1kg，毛长8.5cm，净毛率42.6%；成年公羊平均剪毛量9.5kg，毛长10cm，净毛率44%。

67. 察哈尔羊

察哈尔羊属肉毛兼用培育品种，由锡林郭勒盟畜牧工作站、内蒙古自治区畜牧工作站等单位联合培育而成。2014年经国家畜禽遗传资源委员会审定通过后正式命名。

（1）外貌特征。察哈尔羊头清秀、鼻直、脸部修长，体格较大，四肢结实，结构匀称，胸宽深，背长平，后躯宽广，肌肉丰满，肉用体型明显。公羊、母羊均无角，颈部无皱褶或有1～2个不明显的皱褶。头部细毛着生至两眼连线，额部有冠状毛丛，被毛着生前肢至腕关节，后肢至飞节。被毛为白色，毛丛结构闭合性良好（图142至图144）。

图142　察哈尔羊公羊

图143　察哈尔羊母羊

图144　察哈尔羊群体

（2）体重和体尺。察哈尔羊成年羊体重和体尺见表110。

表110　察哈尔羊成年羊体重和体尺

性别	数量（只）	体重（kg）	体高（cm）	体长（cm）	胸围（cm）
公	95	93.20 ± 6.58	83.21 ± 5.68	91.7 ± 7.33	115.38 ± 8.23
母	460	62.8 ± 6.3	75.06 ± 2.84	83.2 ± 4.22	107.88 ± 4.6

注：2020年10月锡林郭勒盟畜牧工作站、镶黄旗畜牧工作站在镶黄旗察哈尔羊种羊场和部分察哈尔羊核心群测定。

（3）繁殖性能。察哈尔羊性成熟早，公羊8月龄、母羊6月龄性成熟，母羊发情周期平均17d，发情持续期24～48h，妊娠期平均148d，经产母羊平均产羔率145%以上。

（4）产肉性能。察哈尔羊30月龄母羊平均胴体重30kg，平均屠宰率49.1%，平均净肉率38%。18月龄母羊平均胴体重22 kg，平均屠宰率47.0%，平均净肉率36%。6月龄公羔平均胴体重20kg，平均屠宰率47.4%，平均净肉率35%。6月龄母羔平均胴体重18 kg，平均屠宰率47.2%，平均净肉率35%。

（5）产毛性能。察哈尔羊在育种过程中较好地保持和改进了母本内蒙古细毛羊的产毛性能，细度21～23μm，产毛量较高，羊毛品质较好。剪毛量，成年公羊（6.4±1.18）kg，成年母羊（4.7±0.81）kg；毛长，成年公羊（8.4±1.10）cm，成年母羊（8.2±0.99）cm；平均净毛率56.69%。

68. 苏博美利奴羊

苏博美利奴羊属毛用细毛羊培育品种。2014年由国家绒毛用羊产业技术体系组织新疆、内蒙古、吉林等省份各综合试验站（种羊场）联合育种而成。

（1）**外貌特征**。苏博美利奴羊体质结实，结构匀称，体型呈长方形，鬐甲宽平，胸深，背腰平直，尻宽而平，后躯丰满，四肢结实，肢势端正。头毛密而长，着生至两眼连线。公羊有螺旋形角，少数无角，母羊无角。公羊颈部有2～3个横皱褶或纵皱褶，母羊有纵皱褶，公、母羊躯体皮肤宽松但无皱褶。

被毛白色且呈毛丛结构，闭合性良好，密度大，毛丛弯曲明显、整齐均匀。成年羊体侧毛长不低于8.0cm，育成羊不低于9.0cm。腹毛着生良好（图145、图146）。

（2）**体重和体尺**。苏博美利奴羊体重和体尺见表111。

图145 苏博美利奴羊公羊

图146 苏博美利奴羊母羊

表111 苏博美利奴羊体重和体尺

羊别	性别	体重（kg）	体高（cm）	体长（cm）	胸围（cm）
成年羊	公	79	76	80	115
	母	45	70	76	98
育成羊	公	28	60	65	70
	母	25	58	62	67

注：数据来自《苏博美利奴羊》（GB/T 42116—2022），成年羊采用30月龄数据，育成羊采用6月龄数据。

（3）**繁殖性能**。苏博美利奴羊公、母羊6～8月龄性成熟，初配年龄12～18月龄，成年母羊产羔率110%～128%，羔羊平均成活率90%以上。

（4）**产毛性能**。2014年品种审定时对6个核心育种场苏博美利奴羊产毛性能进行了测定，成年公羊羊毛细度（17.80±1.01）μm、净毛量（6.21±0.67）kg、毛长度（10.11±0.94）cm、剪毛后体重（88.90±6.45）kg；成年母羊羊毛细度（17.19±0.84）μm、净毛量（3.04±0.28）kg、毛长度（9.06±0.78）cm、剪毛后体重（45.80±3.15）kg，体侧部平均净毛率60.87%。羊毛经试纺，各项物理性能和纺织性能指标均达到了进口80型澳毛标准，生产的西装面料、围巾和内衣等产品投放市场受到消费者好评。

（5）**产肉性能**。苏博美利奴羊核心群每年更新比例20%左右，周岁公羊淘汰比例更大，这些淘汰羊可以作为肉羊育肥屠宰。屠宰试验表明，在放牧饲养条件下，周岁公羊平均屠宰率为45.6%，胴体重24.5kg，净肉重16.2kg；周岁母羊平均屠宰率为45%，胴体重15.43kg，净肉重11.80kg。利用苏博美利奴羊的改良公羔进行育肥生产羊肉，可以做到毛肉兼收，经济效益明显增加。

69. 高山美利奴羊

高山美利奴羊属毛肉兼用细毛羊培育品种。

（1）外貌特征。高山美利奴羊具有典型的美利奴羊品种特征，体质结实，结构匀称，体型呈长方形。头毛着生到两眼连线，前肢至腕关节，后肢至飞节。公羊有螺旋形大角或无角，母羊无角。公羊颈部有横皱褶或纵皱褶，母羊有纵皱褶，公、母羊躯体无皱褶。

被毛白色呈毛丛结构、闭合性良好、整齐均匀、密度大、光泽好、油汗白色或乳白色、弯曲正常（图147、图148）。

图147　高山美利奴羊公羊

图148　高山美利奴羊母羊

（2）体重。高山美利奴羊体重见表112。

表112　高山美利奴羊体重

性别	初生羔羊		4月龄断奶羔羊		育成羊		成年羊	
	样本量（只）	体重（kg）	样本量（只）	体重（kg）	样本量（只）	体重（kg）	样本量（只）	体重（kg）
公	12 348	4.22 ± 0.42	11 459	26.56 ± 2.63	1 252	60.98 ± 5.43	939	89.25 ± 7.84
母	12 459	3.97 ± 0.39	11 627	25.08 ± 2.48	10 653	36.93 ± 3.24	3 850	46.97 ± 4.21

注：成年羊和育成羊为剪毛后体重。

（3）繁殖性能。高山美利奴羊公、母羊6～8月龄性成熟，初配年龄18月龄，成年母羊产羔率110%～125%，羔羊平均断奶成活率95%以上。

（4）产毛性能。羊毛纤维直径主体为19.1～21.5μm，部分个体达到19.0μm以内，符合超细毛标准。高山美利奴羊产毛性能见表113。

表113　高山美利奴羊产毛性能

羊别	性别	样本量（只）	毛长（cm）	剪毛量（kg）	净毛率（%）	净毛量（kg）	羊毛纤维直径（μm）
成年羊	公	939	10.47 ± 1.20	9.74 ± 1.09	65.71 ± 5.51	6.40 ± 0.42	19.63 ± 1.69
育成羊		1 252	10.68 ± 1.22	7.18 ± 0.80	53.46 ± 5.12	3.84 ± 0.43	18.40 ± 1.62
成年羊	母	3 850	9.30 ± 0.93	4.36 ± 0.87	62.36 ± 5.70	2.72 ± 0.54	19.92 ± 1.08
育成羊		10 653	10.56 ± 1.05	4.16 ± 0.83	57.53 ± 5.48	2.39 ± 0.48	18.89 ± 1.12

70. 象雄半细毛羊

象雄半细毛羊主要分布在西藏阿里地区，是以高原型藏系绵羊为母本，以新疆细毛羊和内蒙古茨盖羊为父本，培育出来的一个半细毛羊品种。

该品种适应性强，耐粗放，在海拔4 500m的草场上具有良好的爬山和采食能力，体格大，产肉多，产毛量高、毛质好、泌乳期长，成活率高，有较好的抗逆性。

（1）外貌特征。象雄半细毛羊外观结构坚实，鼻梁稍隆起，头部毛覆盖至两耳根连线处，耳中等长，倾斜下垂，胸部宽深，背腰平直，腹部充实，尻部宽平略斜，大腿丰满，四肢结实，蹄质黄色，体躯呈圆筒形，前肢毛至关节，后肢毛至飞结。身被毛白色，毛丛结构良好，弯曲一致，羊毛大多中等弯曲，毛密度高，光泽度强，油汗白色或乳白色，腹毛着生良好。公羊大多有螺旋形大角，母羊无角或有小角（图149、图150）。

图149　象雄半细毛羊公羊

图150　象雄半细毛羊母羊

（2）繁殖性能。公羊性成熟期为8～18月龄，2.5岁配种。母羊性成熟期为6～12月龄，发情周期17～19d，平均受胎率92%，1年产1胎，以单羔为主，平均产羔率102%，妊娠期148～152d。

（3）生产性能。成年羊平均产毛量2.8kg，平均宰前活重38kg，平均胴体重17kg，日平均产奶量0.24kg，泌乳期90～110d。

（4）推广利用情况。纯种象雄半细毛羊在改则县物玛乡培育，改则县自引进象雄半细毛羊以来，一直进行单独组群饲养和纯种繁育。据2019年统计，存栏量已2 600多只，其中纯种1 200只，杂交后代1 400多只。

71. 鲁西黑头羊

鲁西黑头羊属肉用培育品种。

2018年由山东省农业科学院畜牧兽医研究所组织山东省畜牧总站、中国农业科学院北京畜牧兽医研究所、青岛农业大学、新疆农垦科学院联合育种培育而成。

（1）外貌特征。鲁西黑头羊头颈部被毛黑色，体躯被毛白色，体型高大，结构匀称；头大小适中、清秀，鼻梁隆起、少皱褶，耳大稍下垂；颈背部结合良好，胸宽深、肋骨开张良好，背腰平直、后躯丰满，四肢较高且粗壮，蹄质坚实，体躯呈筒状结构；公母羊均无角，瘦尾；公羊雄壮，睾丸发育良好、匀称；母羊乳房发育良好，乳头对称（图151、图152）。

图151 鲁西黑头羊成年公羊

图152 鲁西黑头羊成年母羊

（2）体重和体尺。鲁西黑头羊体重和体尺见表114。

表114 鲁西黑头羊体重和体尺

羊别	性别	体重（kg）	体高（cm）	体长（cm）	胸围（cm）
育成羊（6月龄）	公	49.4	64.7	76.5	86.4
	母	46.3	62.4	74.3	85.7
成年羊	公	102.8	83.9	98.7	114.5
	母	76.8	70.4	88.5	106.6

注：数据来自《鲁西黑头羊》（DB 37/T 3367—2018）。

（3）繁殖性能。公羊8月龄性成熟，初配年龄10月龄，成年公羊平均射精量为1.3mL；母羊6月龄性成熟，常年发情，发情周期平均18d，发情持续期平均29h，初配年龄8月龄，妊娠期平均147d；初产母羊平均产羔率150%以上，经产母羊平均产羔率220%以上。

（4）产肉性能。6月龄公羔平均体重45kg以上，屠宰率55%以上，肉骨比4.7∶1，胴体净肉率80%以上。

（5）羊肉品质。羊肉平均含粗蛋白质19.81%，粗脂肪3.14%，氨基酸18.23%，亚油酸0.90%，亚麻酸0.04%，α-亚麻酸0.14%，硬脂酸含量低，膻味轻；胆固醇含量低（59.2mg/100g），属优质高档羊肉。

（6）产毛性能和板皮品质。被毛异质，成年公羊剪毛量1.5～2.0kg，母羊1.0～1.5kg；板皮厚，面积大，质地坚韧、柔软，弹性好；鲜皮平均厚度3.25mm，羊皮平均抗撕裂力90.98N，抗张力316.15N，断裂伸长率62.25%。

72. 乾华肉用美利奴羊

乾华肉用美利奴羊属肉毛兼用细毛羊培育品种。

（1）外貌特征。乾华肉用美利奴羊体型呈长方形，似筒状。体质结实，结构匀称，鬐甲宽平，胸深，背腰平直，尻宽而平，后躯丰满，四肢结实，肢势端正。头毛密而长，着生至两眼连线。公、母羊均无角，颈部粗壮，胸前皮肤无明显皱褶。

被毛白色呈毛丛结构，密度适中。体侧毛长在8.0cm以上，羊毛细度均匀，弯曲为中弯或小弯，油汗呈白色或乳白色，体侧净毛率48%以上，腹毛着生良好（图153、图154）。

图153 乾华肉用美利奴羊公羊　　　　图154 乾华肉用美利奴羊母羊

（2）体重和体尺。乾华肉用美利奴羊体重和体尺见表115。

表115 乾华肉用美利奴羊体重和体尺

（引自马龙，乾华肉用美利奴羊新品种的培育与应用）

羊别	性别	样本数（只）	体重（kg）	体高（cm）	体长（cm）	胸围（cm）
成年羊	公	138	98.80 ± 5.21	78.01 ± 1.20	88.52 ± 1.92	128.70 ± 1.99
	母	2 954	70.71 ± 2.10	70.75 ± 1.30	80.07 ± 1.30	117.03 ± 1.68
育成羊	公	425	75.11 ± 1.98	78.65 ± 1.29	82.01 ± 1.20	119.95 ± 1.60
	母	428	59.36 ± 2.22	68.70 ± 1.27	80.02 ± 1.20	110.85 ± 1.30

（3）繁殖性能。乾华肉用美利奴羊公、母羊5～6月龄性成熟，母羊初配年龄为10月龄，公羊初配年龄为12月龄，成年母羊产羔率130%～150%，羔羊平均断奶成活率95%以上。

（4）产肉性能。乾华肉用美利奴羊产肉性能见表116。

表116 乾华肉用美利奴羊产肉性能

羊别	样本数（只）	胴体重（kg）	屠宰率（%）	净肉重（kg）	净肉率（%）
成年公羊	22	51.22 ± 1.04	52.94 ± 1.84	39.37 ± 1.43	76.86 ± 1.54
育成公羊	35	38.38 ± 0.84	50.08 ± 1.73	29.02 ± 1.54	75.62 ± 1.36
成年母羊	25	39.86 ± 1.25	53.16 ± 1.19	31.38 ± 1.64	78.72 ± 1.31
育成母羊	41	29.16 ± 1.16	51.42 ± 1.74	20.99 ± 1.59	71.99 ± 1.33
6月龄公羔	51	27.25 ± 1.17	55.43 ± 1.84	21.51 ± 1.39	78.97 ± 1.34
6月龄母羔	53	25.25 ± 1.21	51.36 ± 1.35	19.41 ± 1.72	76.91 ± 1.41

73. 戈壁短尾羊

戈壁短尾羊属肉用短脂尾型绵羊培育品种，由内蒙古蒙源肉羊种业（集团）有限公司等单位培育而成。2019年经国家畜禽遗传资源委员会审定通过后正式命名。

（1）**外貌特征**。戈壁短尾羊被毛为异质毛，毛色洁白，头颈部、腕关节和飞节以下，腹部有有色毛。体质结实，结构均匀，体格健壮。头型略显狭长，鼻梁隆起，成年羊额与鼻间略凹，眼大有神，耳大下垂，公羊部分有不发达的小角，母羊无角。颈长适中，部分羊鬐甲略高，胸部较深，肋骨开张，背腰长而宽平，后躯丰满。四肢粗壮，坚实有力，蹄大，蹄质致密。尾瘦而短，呈小椭圆形或小长方形（图155、图156）。

图155　戈壁短尾羊公羊

图156　戈壁短尾羊母羊

（2）**体重和体尺**。戈壁短尾羊成年羊体重和体尺见表117。

表117　戈壁短尾羊成年羊体重和体尺

性别	数量（只）	体重（kg）	体高（cm）	体长（cm）	胸围（cm）	尾长（cm）	尾宽（cm）
公	35	83±3.0	78±3.0	81±2.8	107±1.6	9±1.8	12±1.5
母	50	62±1.8	73±2.8	76±1.5	96±0.8	7±2.0	11±1.6

注：2018年10月内蒙古自治区畜牧工作站在包头市梅力更种羊场测定。

（3）**繁殖性能**。戈壁短尾羊初情期，公羊12月龄，母羊10月龄。适配年龄，公羊为18月龄，母羊为12月龄。母羊发情周期为15～17d，发情持续期为24～48h，妊娠期平均为150d。经产母羊平均产羔率为110%，平均断奶成活率99%以上。

（4）**产肉性能**。2018年经农业农村部种羊及羊毛羊绒质量监督检验测试中心测定，戈壁短尾羊6月龄羔羊屠宰率≥47%，净肉率≥38%；24月龄公羊屠宰率≥51%，净肉率≥42%；24月龄公羊尾重≤1.6kg，24月龄母羊尾重≤1.4kg。

74. 鲁中肉羊

鲁中肉羊是由济南市莱芜赢泰农牧科技有限公司、中国农业科学院北京畜牧兽医研究所、山东省农业科学院畜牧兽医研究所、山东省畜牧总站、山东农业大学、济南市农业农村局共同培育而成的肉用绵羊品种。

（1）外貌特征。鲁中肉羊全身被毛白色，鼻梁微隆，耳大稍下垂，颈背部结合良好。胸宽深，背腰平直，后躯丰满，四肢粗壮，蹄质坚实，体型呈筒状，公母羊均无角，瘦尾。公羊睾丸对称，大小适中，发育良好。母羊清秀，乳房发育良好，乳头分布均匀，大小适中（图157、图158）。

图157　鲁中肉羊成年公羊

图158　鲁中肉羊成年母羊

（2）体重和体尺。鲁中肉羊体重和体尺见表118。

表118　鲁中肉羊体重和体尺

羊别	性别	体重（kg）	体高（cm）	体长（cm）	胸围（cm）
6月龄羊	公	49.8	68.2	74.7	95.1
	母	46.3	67.6	74.4	90
周岁羊	公	80.3	74	81.6	104.5
	母	59.5	68.6	73.3	93.8
成年羊	公	102.8	78	85.7	110.4
	母	70.5	71.8	80.3	102.3

（3）繁殖性能。公羊8月龄性成熟，初配年龄10月龄，成年公羊平均射精量为1.2mL；母羊7月龄性成熟，常年发情，发情周期平均18d，发情持续期平均36h，初配年龄8月龄，平均妊娠期147d；初产母羊平均产羔率190%以上，经产母羊平均产羔率230%以上。

（4）产肉性能。6月龄公羔平均体重45kg以上，屠宰率55%以上，肉骨比5.9∶1，胴体净肉率80%以上。羊肉中粗蛋白质平均含量20.28，粗脂肪3.14%，氨基酸18.67，硬脂酸含量低，膻味轻，胆固醇含量低，为59.2mg/100g。

75. 草原短尾羊

草原短尾羊属肉用短脂尾型绵羊培育品种，由呼伦贝尔市畜牧工作站、鄂温克旗畜牧工作站等单位培育而成。2020年经国家畜禽遗传资源委员会审定通过后正式命名。

（1）外貌特征。草原短尾羊体格强壮，结构匀称，背腰平直，胸宽且深，四肢结实，鬐甲部略低于十字部，体躯长方形，后躯宽广丰满，满膘后呈圆筒状。头大小适中，耳大下垂，颈粗短，颈肩结合良好。体躯被毛白色，为异质毛，头部、颈部大部分以白色或黄色为主，少量黑、灰色，腕关节及飞节以下允许有有色毛。公羊部分有角，母羊无角。尾短小，部分羊肛门及外阴裸露，尾下边缘整齐（图159、图160）。

图159 草原短尾羊公羊

图160 草原短尾羊母羊

（2）体重和体尺。草原短尾羊成年羊体重和体尺见表119。

表119 草原短尾羊成年羊体重和体尺

性别	数量（只）	体重（kg）	体高（cm）	体长（cm）	胸围（cm）	尾长（cm）	尾宽（cm）
公	58	80.23 ± 5.62	75.36 ± 2.32	77.85 ± 2.76	100.97 ± 4.12	7.41 ± 1.12	9.82 ± 2.10
母	464	59.76 ± 5.41	68.37 ± 2.23	72.64 ± 2.87	90.14 ± 4.63	7.86 ± 1.38	10.13 ± 2.23

注：2019年10月呼伦贝尔市畜牧工作站、鄂温克族自治旗畜牧工作站在鄂温克族自治旗辉苏木哈克木嘎查鄂温克旗绿草羊畜牧业牧民专业合作社测定。

（3）繁殖性能。草原短尾羊公羊8月龄、母羊7月龄性成熟。适配年龄，公羊、母羊均为18月龄。母羊发情期一般集中在9—11月，发情周期14 ～ 21d，妊娠期142 ～ 153d，平均产羔率112%，羔羊平均断奶成活率98.42%。羔羊平均初生重，公羔4.2kg，母羔3.8kg。

（4）产肉性能。草原短尾羊羯羊产肉性能见表120。

表120 草原短尾羊羯羊产肉性能

月龄	数量（只）	宰前活重（kg）	胴体重（kg）	屠宰率（%）	净肉重（kg）	净肉率（%）
30	18	78.40 ± 3.03	38.54 ± 1.65	49.17 ± 1.57	32.07 ± 1.99	39.96 ± 1.85
18	18	55.95 ± 2.77	26.92 ± 2.65	48.05 ± 3.07	21.56 ± 2.22	38.48 ± 2.71
5	18	32.46 ± 1.11	15.49 ± 1.05	47.79 ± 3.79	12.37 ± 1.05	38.15 ± 3.47

注：2018年10月内蒙古自治区畜牧工作站、呼伦贝尔市畜牧工作站和鄂温克旗畜牧工作站在鄂温克族自治旗的内蒙古伊赫塔拉牧业有限公司测定。

76. 黄淮肉羊

黄淮肉羊属自主培育的专门化肉用绵羊品种,由河南牧业经济学院牵头,联合相关科研、教学和生产单位共同培育而成,2020年通过国家畜禽遗传资源委员会审定。

图161　黄淮肉羊公羊

(1)外貌特征。黄淮肉羊有黑头和白头两个类群。黑头类群头部、颈前部被毛和皮肤呈黑色,体躯被毛和皮肤呈白色,部分母羊肛门和阴门周围被毛和皮肤呈黑色;白头类群全身被毛和皮肤均呈白色,无杂毛。黄淮肉羊头脸部清秀,耳中等偏大、稍下垂,公母羊均无角,鼻梁稍隆起,嘴部宽深。公羊颈部粗短,母羊颈部稍细长,公母羊头、颈和肩部均结合良好。胸部宽深,肋骨开张,背腰平直,体质结实,体型丰满呈筒状,后躯肌肉发达。四肢较高且粗壮,蹄质坚实,瘦尾(图161至图164)。

图162　黄淮肉羊母羊

(2)体重和体尺。黄淮肉羊平均初生重,公羔3.68kg,母羔3.65kg;45日龄平均断奶重公羔17.30kg,母羔16.34kg。黄淮肉羊成年羊体重和体尺见表121。

图163　黄淮肉羊公羊

图164　黄淮肉羊母羊

表121　黄淮肉羊成年羊体重和体尺

性别	体重(kg)	体高(cm)	体长(cm)	胸围(cm)	管围(cm)
公	98.12 ± 5.20	79.00 ± 2.80	88.62 ± 2.30	109.00 ± 4.20	11.52 ± 0.60
母	71.70 ± 3.50	75.60 ± 2.60	81.80 ± 2.50	103.80 ± 4.40	10.22 ± 0.60

注:数据来自《黄淮肉羊》(DB 41/T 2012—2020)。

(3)繁殖性能。公羊初情期4～5月龄,6月龄达到性成熟,初配年龄为1周岁,全年均可配种,利用年限为4～5年;母羊初情期5～6月龄,6～7月龄达到性成熟,初配年龄为8～9月龄。母羊全年均可发情配种,发情周期为17～23d,发情持续期33～46h。母羊年平均繁殖率为252.82%,每只母羊年提供断奶羔羊平均2.38只,母羊利用年限5～6年。

(4)产肉性能。6月龄屠宰率,公羊为(56.02 ± 1.25)%,母羊为(53.19 ± 1.19)%;净肉率,公羊(82.01 ± 1.45)%,母羊为(81.53 ± 1.27)%。肉骨比,公羊为4.56:1,母羊为4.42:1。眼肌面积,公羊为(24.50 ± 2.08)cm²,母羊为(21.24 ± 1.56)cm²。

（三）引入品种

77. 夏洛莱羊

夏洛莱羊属于肉用型绵羊引入品种，原产于法国中部的夏洛莱丘陵和谷地。1980年法国引入莱斯特羊与当地兰德瑞斯羊杂交，培育形成大型肉羊品种，1963年命名，1974年法国农业部正式承认其为品种。

夏洛莱羊具有早熟、生长发育快、泌乳能力好、体重大、胴体瘦肉率高、育肥性能好等特点，是用于经济杂交生产肥羔较理想的父本。

20世纪80年代末、90年代初，内蒙古畜牧科学院最早引入夏洛莱羊。近年来，我国许多地区相继引入，主要分布在辽宁、山东、河北、山西、河南、内蒙古、黑龙江等地。

（1）外貌特征。夏洛莱羊肉用体型良好。头部无毛，略带粉红色或灰色，个别羊有黑色斑点。公、母羊均无角，额宽，耳大。颈短粗，肩宽平，胸宽而深，体躯较长、呈圆筒状。后肢间距大，呈倒U形。肌肉发达，四肢端正。被毛同质、白色（图165、图166）。

图165　夏洛莱羊公羊　　　　　　图166　夏洛莱羊母羊

（2）繁殖性能。夏洛莱羊生长速度快，4月龄育肥羔羊体重35～45kg；6月龄体重，公羔48～53kg，母羔38～43kg；周岁公羊体重70～90kg，周岁成年母羊体重80～100kg。产肉性能好，4～6月龄羔羊胴体重为20～23kg，平均屠宰率50%，胴体品质好、瘦肉率高、脂肪少。母羊季节性发情，发情时间集中在9—10月，妊娠期144～148d，平均受胎率95%。初产母羊平均产羔率135%，经产母羊平均产羔率达190%。

（3）产毛性能。剪毛量，成年公羊3～4kg，成年母羊2.0～2.5kg。毛长4～7cm、毛细度56～58支。

（4）推广利用情况。夏洛莱羊引入我国后，除进行自群繁育外，主要用于杂交改良，效果较好。如用夏洛莱羊公羊与河南小尾寒羊母羊杂交，一代杂种羊10月龄羔羊宰前活重、胴体重、屠宰率分别比小尾寒羊提高9.02%、28.22%、16.24%。夏洛莱羊肉质深红、质地较硬，脂肪少、瘦肉多，是进行优质肥羔生产的理想亲本。

78. 澳洲美利奴羊

澳洲美利奴羊属毛用细毛羊引入品种。原产于澳大利亚，现已分布于世界各地。我国从1892年开始引进澳洲美利奴羊。1980年之后细毛羊主产区先后多次引进澳洲美利奴羊公羊，主要分布于内蒙古、新疆、吉林、青海、辽宁、河北、甘肃等地。

（1）外貌特征。澳洲美利奴羊体质结实，结构匀称，体躯近似长方形。公羊有螺旋形角，颈部有1～3个完全或不完全的横皱褶；腿短，体宽，背部平直，后肢肌肉丰满。母羊无角，颈部有发达的纵皱褶。被毛为毛丛结构，毛密度大，细度均匀，弯曲均匀、整齐而明显，光泽好，油汗为白色。头毛覆盖至两眼连线，前肢毛着生至腕关节或腕关节以下，后肢毛着生至飞节或飞节以下。

澳洲美利奴羊根据羊毛细度、长度和体重分为超细型、细毛型、中毛型和强毛型4种。其中，中毛型和强毛型中还包括无角型美利奴羊（图167、图168）。

图167　澳洲美利奴羊公羊　　　　图168　澳洲美利奴羊母羊

（2）生产性能。澳洲美利奴羊生产性能见表122。

表122　澳洲美利奴羊生产性能

类型	成年公羊体重（kg）	成年母羊体重（kg）	成年公羊剪毛量（kg）	成年母羊剪毛量（kg）	毛细度（μm）	毛长度（cm）	净毛率（%）
超细型	50～60	32～38	7.0～8.0	3.4～4.5	16.5～20.0	7.0～7.5	65～70
细毛型	60～70	33～40	7.5～8.5	4.5～5.0	18.1～21.5	7.5～8.5	63～68
中毛型	70～90	40～45	8.0～12	5.0～6.5	20.1～23.0	8.5～10.0	65
强毛型	80～100	43～68	9.0～14	5.0～8.0	23.1～27.0	8.8～15.2	60～65

超细型和细毛型澳洲美利奴羊主要分布于澳大利亚新南威尔士州北部和南部地区、维多利亚州的西部地区和塔斯马尼亚的内陆地区，饲养条件相对较好。超细型羊体型较小，羊毛白度好，手感柔软，密度大，纤维直径平均18μm，毛长度7.0～8.0cm。细毛型羊体型中等，毛纤维直径平均19μm，毛长度7.5～8.5cm。

中毛型是澳洲美利奴羊的主体，分布于澳大利亚新南威尔士州、昆士兰州、西澳的广大牧区。体型较大，皮肤宽松、皱褶较少，产毛量高，毛纤维直径20～22μm，毛长度9.0cm左右。羊毛手感柔软，颜色洁白。

强毛型澳洲美利奴羊主要分布于新南威尔士州西部、昆士兰州、南澳和西澳，体型大、光脸、无皱褶，毛纤维直径23～25μm，毛丛长度10.0cm左右。

79. 德国肉用美利奴羊

德国肉用美利奴羊属于肉毛兼用细毛羊引入品种。原产于德国的萨克森自由州，是用泊列考斯羊和莱斯特羊公羊与德国地方美利奴羊杂交培育而成的。1958年以来多次引入我国，主要分布于江苏、安徽、甘肃、新疆、内蒙古、黑龙江、吉林、山东、山西等地。

（1）外貌特征。德国肉用美利奴羊被毛为白色，密而长，弯曲明显。体格大，成熟早。公、母羊均无角。胸深宽，背腰平直，肌肉丰满，后躯发育良好（图169、图170）。

图169　德国肉用美利奴羊公羊

图170　德国肉用美利奴羊母羊

（2）生产性能。德国肉用美利奴羊体重，成年公羊90～100kg，成年母羊60～65kg。剪毛量，成年公羊10～11kg，成年母羊4.5～5.0kg。净毛率45%～52%。羊毛长度7.5～9.0cm、细度60～64支。母羊产羔率140%～175%。

德国肉用美利奴羊生长发育快、早熟、肉用性能好，6月龄羔羊体重达40～45kg，胴体重19～23kg，屠宰率47.5%～51.1%。

（3）推广利用情况。德国肉用美利奴羊曾参与了内蒙古细毛羊、巴美肉羊等新品种的育成。其杂交改良效果明显，用德国美利奴羊公羊与蒙古羊母羊杂交，一代杂种羊8月龄体重（37.5±3.2）kg，周岁体重（48.8±4.6）kg，分别比蒙古羊提高33.45%和27.42%。

（4）品种评价。德国肉用美利奴羊具有体格大、早熟、生长发育快、繁殖力高、产肉多、被毛品质好、改良效果明显等优点，今后应加强选育，进一步提高其生产性能，发挥其在肉羊产业中的作用。对杂交过程中出现的隐睾现象应引起注意。

80. 考力代羊

考力代羊属肉毛兼用绵羊引入品种。1880年新西兰用长毛型品种羊与美利奴羊进行杂交，经过长期选育形成考力代羊。1910年成立品种协会，1920年出版良种册，当年登记羊场21个，主要分布在美洲、亚洲和南非。

1946年，联合国送给我国925只考力代羊，分别饲养在南京、甘肃、绥远等地，由于感染疥癣以及气候和饲养管理条件等问题损失很大；随后，将余下的羊群转移到贵州等地饲养。1949年先后从新西兰和澳大利亚引入一定数量的考力代羊种羊，在吉林、辽宁、安徽、浙江、贵州等地表现良好。从饲养实践效果看，考力代羊在我国浙江、安徽、贵州和云南等省的适应性较好。

（1）外貌特征。考力代羊公、母羊均无角，颈较短而宽，背腰平直，肌肉丰满，后躯发育良好，四肢结实。全身被毛为白色，均匀度好。头毛着生至前额，前肢毛着生至腕关节，后肢毛着生至飞节。腹毛着生良好（图171、图172）。

图171 考力代羊公羊　　　　　图172 考力代羊母羊

（2）生产性能。考力代羊体重，成年公羊85～105kg，成年母羊65～80kg。剪毛量，成年公羊10～12kg，成年母羊5～6kg。净毛率60%～65%。母羊产羔率110%～130%。考力代羊具有良好的早熟性，4月龄羔羊体重可达35～40kg，但肉品质中等。

（3）推广利用情况。考力代羊在东北半细毛羊、贵州半细毛羊及山西陵川半细毛羊新类群的培育中发挥了一定作用。

（4）品种评价。考力代羊体格中等、抗病力强、耐粗饲，适于湿润地区饲养。该品种羊具有良好的肉用体型，产毛量高，羊毛细度、同质度、匀度、净毛率良好，用作父本改良杂交效果明显。

81. 萨福克羊

萨福克羊属于肉用羊引入品种。原产于英国英格兰东南部的萨福克、诺福克、剑桥和艾塞克斯等地。该品种是以南丘羊为父本，当地体型较大、瘦肉率高的旧型黑头有角诺福克羊为母本进行杂交，于1859年育成。

20世纪70年代，我国从澳大利亚引进萨福克羊，分别饲养在新疆和内蒙古。随后各地相继引入萨福克羊种羊，主要分布在新疆、内蒙古、北京、宁夏、吉林、河北和山西等地。

（1）外貌特征。萨福克羊体躯主要部位被毛为白色，偶尔可发现有少量的有色纤维，头和四肢为黑色。体格大，头短而宽，鼻梁隆起，耳大，公、母羊均无角。颈粗短，胸宽，背、腰、臀部宽长而平。体躯呈圆筒状，四肢较短，肌肉丰满，后躯发育良好（图173、图174）。

图173 萨福克羊公羊　　　　　图174 萨福克羊母羊

（2）繁殖性能。萨福克羊体格大、早熟、生长发育快。体重，成年公羊100～136kg，成年母羊70～96kg。剪毛量，成年公羊5～6kg，成年母羊2.5～3.6kg。毛长7～8cm，毛细度50～58支，平均净毛率60%。被毛白色，偶尔出现有色纤维。产肉性能好，经育肥的4月龄羊平均胴体重，公羊24.4kg，母羊19.7kg。繁殖性能好，公、母羊7月龄性成熟，母羊全年发情，产羔率130%～165%。

（3）推广利用情况。萨福克羊引入我国后，其杂交改良效果明显，在全年以放牧为主和冬、春补饲的条件下，用萨福克公羊与蒙古羊、细毛低代杂种母羊杂交，190日龄杂种一代羯羔，宰前活重37.2kg，胴体重18.33kg，屠宰率49.27%，净肉重13.49，净肉率73.6%；用萨福克羊与湖羊杂交，7月龄羔羊宰前活重（37.33±1.20）kg，胴体重（18.45±0.64）kg，屠宰率49.42%，净肉率74.55%，肉骨比3.99：1。

（4）品种评价。萨福克羊是世界上大型肉羊品种之一，肉用体型突出，繁殖率、产肉率、日增重高，肉质好，被各引入地作为肉羊生产的终端父本。今后应充分发挥萨福克羊优良性状的作用，促进我国优质肥羔生产。

82. 无角陶赛特羊

无角陶赛特羊属肉用型绵羊引入品种，原产于澳大利亚和新西兰，是以雷兰羊和有角陶赛特羊为母本、考力代羊为父本进行杂交，杂种羊再与有角陶赛特公羊回交，然后选择无角后代培育而成。1954年澳大利亚成立无角陶赛特羊品种协会。

20世纪80年代以来，我国先后从澳大利亚和新西兰引入无角陶赛特羊，分布在新疆、内蒙古、甘肃、北京、河北、山东、山西、陕西、青海等地。

（1）外貌特征。无角陶赛特羊体质结实，头短而宽，耳中等大，公、母羊均无角。胸宽深，背腰平直，体躯较长，肌肉丰满，后躯发育好。面部、四肢及被毛为白色（图175、图176）。

图175　无角陶赛特羊公羊　　　　　　图176　无角陶赛特羊母羊

（2）繁殖性能。无角陶赛特羊体重，成年公羊90～110kg，成年母羊65～75kg。剪毛量，成年公羊3.0～3.7kg，成年母羊2.3～3.0kg。羊毛长度7～9cm，毛细度56～58支，净毛率60%～65%。生长发育快、胴体品质好、产肉性能高，经过肥育的4月龄羔羊平均胴体重，公羔22kg，母羔19.7kg，平均屠宰率50%以上。母羊常年发情、繁殖率高，平均产羔率144%，羔年平均断奶成活率131%。

（3）推广利用情况。无角陶赛特羊与我国许多地方品种羊杂交改良效果明显。在甘肃河西地区用无角陶赛特羊与小尾寒羊杂交，杂种一代4月龄羔羊宰前活重（37.44±3.46）kg，胴体重（19.50±1.61）kg，净肉重（16.28±1.72）kg，屠宰率52.08%，与相同条件下的小尾寒羊相比，宰前活重、胴体重、净肉重分别提高12.94%、13.64%、15.79%。我国2004年8月发布了《无角陶赛特种羊》农业行业标准（NY 811—2004）。

（4）品种评价。无角陶赛特羊具有生长发育快、体型大、肉用性能好、常年发情、适应性强等特点，是适于我国规模化、集约化羊业生产的理想品种之一。

83. 特克赛尔羊

特克赛尔羊属于肉用羊引入品种，原产于荷兰特克赛尔岛，20世纪初用林肯羊、莱斯特羊与当地马尔盛夫羊杂交，经过长期选择培育而成。

20世纪60年代我国从法国引进该品种羊，饲养在中国农业科学院畜牧研究所。自1995年以来，我国辽宁、宁夏、北京、河北、陕西和甘肃等地先后引进该品种羊。

（1）外貌特征。特克赛尔羊头大小适中、清秀，无长毛。公、母羊均无角。鼻端、眼圈为黑色。颈中等长，鬐甲宽平，胸宽，背腰平直而宽，肌肉丰满，后躯发育良好（图177、图178）。

图177　特克赛尔羊公羊

图178　特克赛尔羊母羊

（2）生产性能。特克赛尔羊体重，成年公羊110～130kg，成年母羊70～90kg。剪毛量5～6kg，平均净毛率60%，毛长10～15cm，毛细度50～60支。羔羊肌肉发达，肉品质好，瘦肉率和胴体分割率高。生长发育快、早熟，羔羊70日龄前平均日增重300g，在适宜的草场条件下，120日龄羔羊体重达40kg，6～7月龄羊体重达50～60kg。繁殖性能好，母羊7～8月龄便可配种繁殖，产羔率150%～160%，高的达200%。

（3）推广利用情况。目前特克赛尔羊在养羊业发达国家已经成为生产肥羔的首选终端父本。20世纪60年代我国曾从法国引进过此羊，1995年后又多次引进，杂交改良效果较好。江苏省用特克赛尔羊与湖羊杂交，7月龄羔羊宰前活重（38.51±3.05）kg，胴体重（19.06±2.13）kg，屠宰率（49.49±2.11）%，胴体净肉率（40.89±3.23）%，肉骨比为4.75：1，各项指标均显著优于湖羊。其中，宰前活重、胴体重比湖羊分别提高37.98%和48.56%。

（4）品种评价。特克赛尔羊生长速度快、肉品质好、适应性强、耐粗饲、抗病力强、耐寒，可作为经济杂交生产优质肥羔以及培育肉羊新品种的父本。

84. 杜泊羊

杜泊羊属肉用羊引入品种，原产于南非共和国，是用英国的有角道赛特羊公羊与当地的波斯黑头羊母羊杂交，经选择和培育形成的肉用绵羊品种。

杜泊羊分长毛型和短毛型。长毛型羊可生产地毯毛，较适应寒冷的气候条件；短毛型羊毛短，抗炎热和雨淋能力强。目前，在南非、西亚、美国、南美洲、澳大利亚和新西兰等国家和地区饲养的主要是短毛型羊。2001年我国首次从澳大利亚引进杜泊羊。

（1）外貌特征。杜泊羊分黑头和白头两种。公羊头稍宽，鼻梁微隆；母羊较清秀，鼻梁多平直。耳较小，向前侧下方倾斜。颈长适中，胸宽而深，休躯浑圆，背腰平宽。四肢较细短，肢势端正，蹄质坚实（图179、图180）。

图179　杜泊羊公羊

图180　杜泊羊母羊

（2）生产性能。繁殖性能好，公羊5～6月龄、母羊5月龄性成熟，公羊10～12月龄、母羊8～10月龄初配。母羊四季发情，发情周期17d（14～19d），发情持续期29～32h，妊娠期平均148.6d。母羊初产平均产羔率132%，第2胎167%，第3胎220%。在良好的饲养管理条件下，可2年产3胎。

生长发育快，初生重，公羔（5.20±1.00）kg，母羔（4.40±0.90）kg；3月龄体重，公羊（33.40±9.70）kg，母羊（29.30±5.00）kg；6月龄体重，公羊（59.40±10.60）kg，母羊（51.40±5.00）kg；12月龄体重，公羊（82.10±11.30）kg，母羊（71.30±7.30）kg；24月龄体重，公羊（120.00±10.30）kg，母羊（85.00±10.20）kg。

杜泊羊产肉性能好，在放牧条件下，6月龄体重可达60kg以上；在舍饲育肥条件下，6月龄体重可达70kg左右。肥羔平均屠宰率55%，平均净肉率46%。胴体瘦肉率高，肉质细嫩多汁、膻味轻、口感好，特别适于肥羔生产。

板皮质量好，皮张柔软，伸张性好，皱褶少且不易老化。

（3）推广利用情况。杜泊羊食性广、耐粗饲、抗病力较强，能广泛适应多种气候条件和生态环境，并能随气候变化自动脱毛。但在潮湿条件下，易感染寄生虫。目前，在我国山东、河北、山西、内蒙古、宁夏等地均有饲养。在完全放牧饲养条件下，5月龄杜泊羊与蒙古羊的杂种羔羊平均胴体重20.22kg，净肉重16.65kg，屠宰率51.7%，净肉率82.34%。皮肤较厚，皮板质量好，适合制革。

（4）品种评价。杜泊羊具有典型的肉用体型，肉用品质好，体质结实，对炎热、干旱、寒冷等气候条件有良好的适应性。与我国地方绵羊品种杂交，一代杂种增重速度较快、产肉性明显提高，可作为生产优质肥羔的终端父本和培育肉羊新品种的育种素材。

85. 白萨福克羊

白萨福克羊属于肉用型绵羊引入品种。1977年，澳大利亚开始培育，用萨福克羊与无角道赛特羊、边区莱斯特羊杂交，在二代中剔除有黑斑个体后，逐步选育提高其生产性能后培育出的。

1986年，澳大利亚成立白萨福克羊品种协会。白萨福克羊现已分布于世界各地。我国引入的白萨福克羊主要分布在内蒙古、辽宁、北京、河南和甘肃等地。

（1）外貌特征。白萨福克羊公、母羊均无角，全身被毛为白色。体格大、体质结实，颈长而粗，胸宽而深，背腰平直，后躯发育丰满，四肢粗壮，呈圆筒形（图181、图182）。

图181　白萨福克羊公羊

图182　白萨福克羊母羊

（2）生产性能。白萨福克羊初生重大、生长发育快，成年公羊体重110～135kg，成年母羊体重70～90kg。4月龄羔羊平均胴体重24kg，肉嫩脂少。剪毛量3～4kg，羊毛长度7～8cm，毛细度56～58支。产羔率150%～190%。

（3）推广利用情况。白萨福克羊与我国地方品种杂交效果明显。如用白萨福克羊公羊与藏绵羊母羊杂交，子一代杂种公、母羊初生重、6月龄体重、0～6月龄日增重分别比藏绵羊提高了40.67%、15.20%、24.65%、24.38%、24.48%、25.97%；用白萨福克与滩羊、湖羊、小尾寒羊、蒙古羊杂交，表现出良好的杂交优势。

（4）品种评价。白萨福克羊是世界上大型肉羊品种之一，具有体格大、生长发育快、产肉性能好、繁殖力高、适应性强的特点，适于用作肉用杂交的终端父本。今后应充分发挥白萨福克羊优良的肉用性能，促进我国优质肥羔生产。

86. 南非肉用美利奴羊

南非肉用美利奴羊属于肉毛兼用绵羊引入品种，原产于南非。1932年由南非农业部引入10只德国肉用美利奴母羊和1只公羊，通过对其羊毛品质和体型外貌上进行不断选育，于1971年确认育成了独特的非洲品系，1974年南非养殖协会命名为南非肉用美利奴羊。

我国从20世纪90年代开始引进，主要分布在新疆、内蒙古、甘肃、北京、山西、辽宁、吉林和宁夏等地。

（1）外貌特征。南非肉用美利奴羊全身被毛白色，公、母羊均无角，体格大，成熟早，胸宽深，背腰平直，肌肉丰满，后躯发育良好（图183至图185）。

图183 南非肉用美利奴羊公羊

图184 南非肉用美利奴羊母羊

图185 南非肉用美利奴羊群体

（2）生产性能。南非肉用美利奴羊属于肉毛兼用细毛羊（综合育种指数加权系数，产肉：产毛＝60：40），羊毛密度、均匀度、弯曲、光泽等良好。成年公羊体重100～135kg，成年母羊体重70～85kg；剪毛量，成年公羊4.5～6.0kg，成年母羊3.4～4.5kg；净毛率45%～67%；羊毛长度8.5～11.0cm，毛细度66～70支。在正常饲养管理条件下，产羔率130%～160%，母性强，泌乳力好。

南非肉用美利奴羊生长发育快，早熟，肉用性能好。在放牧条件下，100日龄羔羊体重平均达35.0kg；在集约化饲养条件下，100日龄公羔体重平均达56.0kg。屠宰率50.0%～55.0%。

（3）品种评价。南非肉用美利奴羊具有早熟、生长发育快、肉用性能好、被毛品质好、抗逆性强等特点，是改良我国细毛羊肉用性能的理想父本。利用该品种育成了中国美利奴羊肉用品系和乾华肉用美利奴羊新品种。

87. 澳洲白绵羊

澳洲白绵羊原产于澳大利亚新南威尔士州。

（1）外貌特征。公、母均无角，头和体躯白色。皮厚、被毛为粗毛粗发。头略短小，宽度适中，鼻梁宽大，略微隆起，耳大向外平展，颈长粗壮。肩胛宽平，胸深，背腰长而宽平，臀部宽而长，后躯深，肌肉发达饱满。体躯侧看呈长方形，后视呈方形。体质结实，结构匀称，四肢健壮，前腿垂直，后腿分开宽度适中。蹄质结实呈灰色或黑色（图186至图188）。

图186　澳洲白绵羊公羊

图187　澳洲白绵羊母羊

图188　澳洲白绵羊群体

（2）体重和体尺。澳洲白绵羊种羊体重和体尺见表123。

表123　澳洲白绵羊种羊体重和体尺

性别	年龄（月龄）	体重（kg）	体高（cm）	体长（cm）	胸围（cm）
公	3	31～36	—	—	—
	6	55～70	—	—	—
	12	70～90	62～77	70～80	85～100
	24	90～120	65～80	75～85	95～110
母	3	27～32	—	—	—
	6	47～60	—	—	—
	12	65～75	60～72	65～75	85～95
	24	75～90	65～75	70～80	90～105

（3）繁殖性能。母羊常年发情，性成熟5～8月龄，发情周期14～20d，妊娠期147～150d，母性和泌乳能力较强，产羔率为130%～180%。初次配种年龄在10～12月龄。公羊可常年配种，初配年龄12～14月龄。

（4）产肉性能。澳洲白绵羊种羊产肉性能见表124。

表124　澳洲白绵羊种羊产肉性能

性别	年龄（月龄）	屠宰率（%）	胴体重（kg）
公	12	52～56	45～48
	24及以上	50～55	50～55
母	12	52～55	35～40
	24及以上	50～53	40～45

88. 东佛里生羊

东佛里生羊，又名东弗里斯羊，是世界上最优秀的乳肉兼用绵羊品种。

（1）外貌特征。东佛里生乳用羊体格大，体型结构良好，公、母羊均无角。被毛白色，偶有纯黑色个体。体躯宽长，腰部结实，肋骨拱圆，臀部略有倾斜。成年母羊体重70～90kg，成年公羊重可达120kg。长、瘦、臀部狭窄。头、腿和尾巴无被毛覆盖。皮肤薄，呈白色略带粉红色。因其尾巴无毛，又称"鼠尾巴"羊。东佛里生羊对温带气候条件有良好的适应性（图189、图190）。

图189　东佛里生羊公羊　　　　　　图190　东佛里生羊母羊

（2）繁殖性能。Berger（1998）报道，1岁东佛里生母羊的平均繁殖率为200%，成年母羊的平均繁殖率为230%。

（3）产奶性能。东佛里生羊乳房大，泌乳量高。成年母羊260～300d产奶量550～810kg，乳脂率6%～6.5%，是目前世界绵羊品种中产奶量最高的品种。

（4）产毛性能。东佛里生羊剪毛量，成年公羊5～6kg，成年母羊3.5～4.5kg。羊毛同质，羊毛长，成年公羊20cm，成年母羊16～20cm。羊毛细度46～56支。净毛率60%～70%。

（5）适应性能。东佛里生羊易感染肺炎，对新环境适应性差。该品种在气候与原产国（德国）相似的国家表现良好，在气候差异较大的地区易感染肺炎。

（6）推广利用情况。东佛里生羊被英国、新西兰、加拿大、美国等多国相继引入，并与当地绵羊品种进行杂交改良和培育新品种。东佛里生羊在乳用和肉用方面都表现突出，我国在引进后在甘肃、陕西、内蒙古和安徽等地均有分布，目前主要与我国高繁地方品种湖羊或小尾寒羊进行杂交。

（7）品种评价。东佛里生羊是世界优秀的乳肉兼用绵羊品种。繁殖力高、泌乳性能好、乳质优良、生长速度快，遗传性能稳定，与我国地方绵羊品种杂交可以作为奶绵羊新品种培育的良好素材，在未来特色羊奶产业开发和肉羊母本新品种培育方面有较高的利用价值。

89. 南丘羊

南丘羊为短毛型肉用绵羊引入品种。原产于英格兰东南部丘陵地区而得名，原名为丘陵羊。18世纪后期育成，是英国古老的绵羊品种之一。

2020年我国第1次从澳大利亚引进南丘羊成年种羊21只（3只公羊，18只母羊），饲养于甘肃省庆阳市。

（1）外貌特征。南丘羊体格中等，头部上扬，口唇长度中等，口、唇、鼻端部被毛呈灰色、褐色，脸部有中等浓密被毛，公、母羊均无角。体呈圆形，颈短而粗，背平体宽，肌肉丰满，腿短（图191、图192）。

图191　南丘羊公羊　　　　　　　　图192　南丘羊母羊

（2）生产性能。南丘羊周岁公羊体重100～110kg，周岁母羊体重72～90kg。剪毛量2～2.5kg，羊毛长5～8cm，毛细度50～60支。产羔率100%～120%。胴体品质好，平均屠宰率达60%以上。

（3）推广利用情况。南丘羊在我国的饲养和繁育处于起步阶段。2020年，我国种羊企业从澳大利亚引进21只，其中3只公羊和18只母羊。2021年，通过胚胎移植生产纯种羔羊55只，同年引进成年种羊100只，其中25只公羊和75只母羊。目前，公羊家系数量已达到28个，正处于扩群阶段。南丘羊与湖羊的杂交杂种优势明显。

（4）品种评价。南丘羊具有肉质良好、饲料利用率高、性情温驯的特点，是经济杂交较理想的父本。

二、山羊品种资源

（一）地方品种

90. 西藏山羊

西藏山羊属高寒地区肉、绒、皮兼用山羊地方品种。

（1）外貌特征。西藏山羊被毛以黑色为主，其次为杂色。体格中等，体躯呈长方形。公、母羊均有角，公羊角粗大，向后、向外侧扭曲伸展；母羊角较细，角尖向后、向外侧弯曲或向头顶上方直立扭曲。公、母羊均有额毛和须。头大小适中，耳长灵活，鼻梁平直。鬐甲略低，胸部深广，背腰平直，尻较斜。四肢结实，蹄质坚实。尾小、上翘（图193、图194）。

图193　西藏山羊公羊

（2）体重和体尺。河谷农牧区的西藏山羊体格大于高原牧区的羊，西藏山羊成年羊体重和体尺见表125。

（3）繁殖性能。农区和半农半牧区的公、母羊均4～6月龄性成熟，初配年龄为8～9月龄；牧区的羊性成熟较晚，初配年龄为12～18月龄。母羊发情多集中于9—10月，发情周期15～23d，发情持续期48～72h，妊娠期136～157d；多数母羊1年1产，条件较好的农区可1年2产，产羔率100%～140%。羔羊平均断奶成活率90%以上。

图194　西藏山羊母羊

表125　西藏山羊成年羊体重和体尺

测定地区	性别	数量（只）	体重（kg）	体高（cm）	体长（cm）	胸围（cm）
西藏昌都	公	20	36.4 ± 3.7	61.0 ± 6.6	65.9 ± 7.3	77.1 ± 8.9
	母	80	24.2 ± 3.3	53.8 ± 3.7	60.3 ± 4.7	68.6 ± 5.2
西藏阿里	公	45	22.0 ± 5.8	50.0 ± 6.1	60.8 ± 6.3	63.7 ± 6.5
	母	120	20.1 ± 5.1	47.8 ± 5.8	55.9 ± 5.6	60.8 ± 6.2
四川甘孜	公	60	28.2 ± 4.2	58.6 ± 3.9	61.1 ± 4.2	77.2 ± 5.7
	母	60	22.4 ± 6.8	54.4 ± 3.5	55.0 ± 4.8	69.2 ± 4.2

注：2005—2006年由西藏自治区畜牧总站和四川省家畜改良站测定。

（4）产毛绒量。西藏山羊被毛为双层，外层为长而粗直的有髓毛，内层为细而柔软的无髓毛。平均产绒量，成年公羊400～600g，成年母羊300～500g。

（5）产肉性能。西藏山羊屠宰性能见表126。

表126　西藏山羊屠宰性能

性别	数量（只）	宰前活重（kg）	胴体重（kg）	屠宰率（%）	净肉重（kg）	净肉率（%）
公	5	24.0	11.3	47.1	9.6	40.0
母	3	22.2	10.2	46.0	8.4	37.8

注：2005—2006年由西藏自治区畜牧总站和四川省家畜改良站在西藏昌都测定。

91. 新疆山羊

新疆山羊属绒肉兼用山羊地方品种。

新疆山羊在新疆维吾尔自治区各地、州、县、市均有分布。

新疆山羊通过选育形成了南疆绒山羊、博格达绒山羊、青格里绒山羊等不同类型，品质有所提高。

（1）外貌特征。新疆山羊被毛以白色为主，褐色和青色次之。体质结实。头中等大小，公羊角粗大，多数向上直立、略向外张开，也有向上、向内交叉的形状；母羊大多数无角或角细小，多向后上方直立。额宽平，耳小、半下垂，鼻梁平直或下凹，颌下有须。背平直，体躯长深，后躯发育稍差，尻斜。四肢端正，蹄质结实。短瘦尾，尾尖上翘（图195、图196）。

图195　新疆山羊公羊

图196　新疆山羊母羊

（2）体重和体尺。新疆山羊成年羊体重和体尺见表127。

表127　新疆山羊成年羊体重和体尺

性别	数量（只）	体重（kg）	体高（cm）	体长（cm）	胸围（cm）	胸宽（cm）	胸深（cm）
公	15	22.6 ± 3.2	54.8 ± 2.8	59.9 ± 3.6	66.8 ± 4.6	18.2 ± 1.9	31.1 ± 2.3
母	15	23.6 ± 2.0	55.5 ± 3.2	58.0 ± 4.2	67.0 ± 3.9	16.9 ± 2.8	30.7 ± 2.6

（3）繁殖性能。新疆山羊公、母羊一般5～6月龄性成熟。初配年龄，公羊18～20月龄，母羊16～18月龄。母羊8—11月发情，发情周期18～21d，妊娠期150～155d，产羔率100%～120%。羔羊平均初生重，公羔2.3kg，母羔2.1kg。平均断奶重，公羔12.5kg，母羔12.1kg。羔羊平均断奶成活率98%。

（4）产绒性能。新疆山羊每年抓绒1次。据测定，大群平均产绒量，周岁公羊310g，周岁母羊300g；成年公羊380g，成年母羊360g。核心群平均产绒量，周岁公羊420g，周岁母羊390g；成年公羊530g，成年母羊510g。

（5）产肉性能。周岁新疆山羊屠宰性能见表128。

表128　周岁新疆山羊屠宰性能

性别	数量（只）	宰前活重（kg）	胴体重（kg）	屠宰率（%）	净肉率（%）	肉骨比
公	10	22.6	9.2	40.7	30.3	2.9∶1
母	15	22.9	9.2	40.2	30.1	3.0∶1

92. 内蒙古绒山羊

内蒙古绒山羊分为阿尔巴斯型、二狼山型和阿拉善型，属绒肉兼用绒山羊地方品种。

（1）**外貌特征**。内蒙古绒山羊全身被毛纯白，分内外两层，外层为光泽良好的粗毛，根据外层粗毛的长短分为长毛型和短毛型，长毛型毛长 15～20cm，短毛型毛长 8～14cm；内层为柔软纤细的绒毛，绒毛长度 4～8cm，绒毛与粗毛混生。

内蒙古绒山羊体躯呈长方形，体质结实，结构匀称，体格中等。头清秀，额顶有长毛，颌下有须。公、母羊均有角，呈黄白色，公羊角扁而粗大，向后方两侧螺旋式伸展；母羊角细小，向后方伸出。两耳向两侧伸展或半垂，鼻梁微凹。颈宽厚，胸宽而深，肋开张，背腰平直，后躯稍高，尻斜。四肢端正、强健有力，蹄质坚实。尾短小、上翘（图197、图198）。

图197 内蒙古绒山羊公羊

图198 内蒙古绒山羊母羊

（2）**体重和体尺**。内蒙古绒山羊体重和体尺见表129。

表129 内蒙古绒山羊体重和体尺

类型	性别	数量（只）	体重（kg）	体高（cm）	体长（cm）	胸围（cm）
阿尔巴斯型	公	10	63.8±5.49	70.7±2.91	75.4±4.01	100.6±5.22
	母	26	29.85±3.03	59±6.47	61.69±9.27	76.69±8.55
二狼山型	公	50	47.8（30～75）	65.4（55～77）	70.8（58～90）	85.1（69～99）
	母	200	27.4（22～46）	56.4（46～65）	59.1（52～77）	70.7（66～84）
阿拉善型	公	20	42.15±4.88	66.55±4.25	71.55±5.92	81.4±4.47
	母	80	32.31±3.06	59.65±4.12	64.83±4.58	73.45±4.09

（3）**繁殖性能**。内蒙古绒山羊6～8月龄性成熟，18月龄初配。母羊发情季节主要在7—11月，发情周期18～21d，发情持续期平均48h，妊娠期141～153d，平均产羔率105%。羔羊平均初生重，公羔2.5kg，母羔2.3kg；羔羊平均断奶重，阿尔巴斯型公羔17.13kg，母羔16.47kg；阿拉善型公羔16.83kg，母羔14.86kg。羔羊断奶成活率92%～97%。

（4）**产肉性能**。内蒙古绒山羊肉质细嫩、味道鲜美、膻味轻，肌间脂肪分布均匀。屠宰性能见表130。

表130 内蒙古绒山羊屠宰性能

类型	羊别	性别	数量（只）	宰前活重（kg）	胴体重（kg）	屠宰率（%）	净肉率（%）	肉骨比
阿拉善型	成年羊	公	15	43.01±8.27	22.92±3.71	53.29	38.02	2.49：1
		母	20	32.31±5.07	14.28±3.26	44.20	32.60	2.81：1
二狼山型	12月龄羊	公	—	24～32	10.8～14.4	44.9	34.3	3.2：1
		母	—	20～28	9.0～12.6	44.9	34.3	3.2：1

93. 辽宁绒山羊

辽宁绒山羊属绒肉兼用绒山羊地方品种。

辽宁绒山羊主产于辽宁省东部山区及辽东半岛地区，主要分布于盖州、岫岩、本溪、凤城、宽甸、庄河、瓦房店、新宾、辽阳等县（市）。现已推广到内蒙古、陕西、新疆等17个省份。通过开展品系繁育、种质测定、建立社会化联合育种体系，辽宁绒山羊经20多年的系统选育，质量不断提高，数量明显增加。

（1）外貌特征。辽宁绒山羊体质结实，结构匀称。被毛全白，外层有髓毛长而稀疏、无弯曲、有丝光，内层密生无髓毛、清晰可见。肤色为粉红色。头轻小，额顶有长毛，颌下有髯。公、母羊均有角，公羊角粗壮、发达，向后朝外侧呈螺旋式伸展；母羊多板角，稍向后上方翻转伸展，少数为麻花角。颈宽厚，颈肩结合良好。背腰平直，后躯发达，四肢粗壮，坚实有力。尾短瘦，尾尖上翘（图199、图200）。

图199 辽宁绒山羊公羊

图200 辽宁绒山羊母羊

（2）体重和体尺。辽宁绒山羊体重和体尺见表131。

表131 辽宁绒山羊体重和体尺

性别	数量（只）	体重（kg）	体高（cm）	体长（cm）	胸围（cm）	胸宽（cm）	胸深（cm）
公	85	81.7 ± 4.8	74.00 ± 4.24	82.10 ± 5.26	99.60 ± 5.27	30.50 ± 2.11	37.65 ± 2.06
母	1 500	43.2 ± 2.6	61.80 ± 3.18	71.50 ± 1.96	82.80 ± 3.77	20.95 ± 1.95	30.95 ± 1.46

（3）繁殖性能。公、母羊5～7月龄性成熟，15～18月龄初配。母羊常年发情，多集中在10月下旬至12月中旬，发情周期17～20d，发情持续期24～48h，妊娠期147～152d，平均产羔率115%。羔羊平均初生重，公羔3.05kg，母羔2.86kg；羔羊平均断奶成活率96.5%。

（4）产绒性能。辽宁绒山羊成年羊产绒量及羊绒物理性状见表132。

表132 辽宁绒山羊成年羊产绒量及羊绒物理性状

性别	数量（只）	产绒量（g）	绒自然长度（cm）	绒伸直长度（cm）	绒细度（μm）	净绒率（%）
公	85	1 368 ± 193	6.8	9.3 ± 1.7	16.7 ± 0.9	74.77 ± 8.15
母	1 500	641 ± 145	6.3	8.3 ± 1.2	15.5 ± 0.77	79.20 ± 7.95

（5）产肉性能。据辽宁绒山羊原种场测定，12月龄公羊平均宰前活重25.00kg，胴体重11.25kg，屠宰率45%，净肉率36.04%，肉骨比4.02∶1；12月龄母羊平均宰前活重25.67kg，胴体重11.04kg，屠宰率43.01%，净肉率30.78%，肉骨比3.11∶1。

94. 承德无角山羊

承德无角山羊又称燕山无角山羊，属以产肉为主的山羊地方品种。

（1）外貌特征。承德无角山羊被毛以黑色为主，白色次之，少部分为灰色、杂色。体躯呈长方形，头中等大小、头顶平宽，公、母羊均无角，部分羊仅有角基，额部有少量额毛，耳平、略向前上伸，颌下有须。公羊颈粗而较短，母羊颈扁而长。胸宽深，背腰平直，体躯较宽深，尻较宽显倾斜，肌肉较丰满。四肢端正，蹄质坚实。尾短、上翘（图201、图202）。

图201 承德无角山羊公羊

图202 承德无角山羊母羊

（2）体重和体尺。承德无角山羊成年羊体重和体尺见表133。

表133 承德无角山羊成年羊体重和体尺

性别	数量（只）	体重（kg）	体高（cm）	体长（cm）	胸围（cm）	胸宽（cm）	胸深（cm）
公	13	41.7±4.3	60.4±3.3	69.8±4.0	79.8±4.9	21.4±1.3	30.9±1.5
母	37	43.1±4.3	61.5±3.1	70.6±4.0	81.8±4.9	21.6±2.2	32.9±1.0

（3）繁殖性能。承德无角山羊公羊6月龄、母羊5月龄性成熟，公羊16月龄、母羊9月龄初配。母羊季节性发情，发情主要集中于5月和9月，发情周期15～17d，发情持续期24～72h，妊娠期平均145d，平均产羔率110%。平均初生重，公羔2.6kg，母羔2.1kg；4月龄平均断奶重，公羔17.7kg，母羔15.67kg。羔羊平均断奶成活率95%。

（4）产毛、绒性能。据测定，承德无角山羊被毛以黑色为主，成年羊平均产毛量，公羊0.52kg，母羊0.25kg，毛股自然长度11～21cm；平均产绒量，公羊0.24kg，母羊0.11kg。

（5）产肉性能。据测定，承德无角山羊成年羊平均宰前活重41.1kg，胴体重17.1kg，净肉重13.5kg，屠宰率41.6%，净肉率32.8%。

（6）板皮性能。据统计，承德无角山羊黑色羊一等皮10%，二等皮50%，三等皮30%，等外皮10%。等内皮平均面积为0.7m^2。

95. 吕梁黑山羊

吕梁黑山羊属以产肉、绒为主的山羊地方品种。吕梁黑山羊主产于山西省吕梁市，分布于晋西黄土高原的吕梁山区一带。由于缺乏系统选育，吕梁黑山羊体格渐趋变小，肉用性能和产绒性能下降。封山禁牧后群体数量急剧下降。目前，吕梁黑山羊已处于濒危状态。

（1）外貌特征。吕梁黑山羊的被毛分内、外两层，外层是长的有髓毛，内层为短而纤细的无髓毛。按毛色分为黑羊型和青背型两种，以黑羊型居多。岢岚西部和吕梁市的吕梁黑山羊，头、四肢、尾为黑毛，鼻端、耳根部间有少量粗而短的白毛，背毛呈灰色，颈部和体侧为青色，头顶毛呈卷曲状，覆盖额部。体格中等，体质结实，结构匀称。头清秀，额稍宽，耳薄、灵活。公、母羊都有角（公羊角发达），以撇角最多，其次是倒八字角和包角（弯角）。后躯高于前躯，体躯呈长方形。四肢端正，强健有力（图203、图204）。

图203　吕梁黑山羊公羊　　　　　　图204　吕梁黑山羊母羊

（2）体重和体尺。吕梁黑山羊体重和体尺见表134。

表134　吕梁黑山羊体重和体尺

年龄	性别	数量（只）	体重（kg）	体高（cm）	体长（cm）	胸围（cm）	胸宽（cm）	胸深（cm）
8月龄	公	4	29.1 ± 1.7	61.3 ± 0.5	66.0 ± 1.8	81.0 ± 2.0	24.5 ± 1.0	24.0 ± 2.0
8月龄	母	9	28.0 ± 1.6	58.8 ± 3.6	62.6 ± 5.0	77.2 ± 5.0	22.5 ± 2.7	22.2 ± 2.0

（3）繁殖性能。吕梁黑山羊一般5～6月龄性成熟，初配年龄为1.5岁。母羊发情周期平均18d，妊娠期平均149d，配种多集中在11月，产羔期在翌年4—5月；平均产羔率105%左右，羔羊平均断奶成活率85%左右。

（4）产毛、绒性能。吕梁黑山羊在梳绒后1个月左右剪毛，其产毛、绒性能见表135。

表135　吕梁黑山羊产毛、绒性能

年龄	性别	数量（只）	羊毛产量（kg）	羊毛自然长度（cm）	羊绒产量（kg）	羊绒自然长度（cm）	羊绒厚度（cm）
8月龄	公	4	0.43 ± 0.06	12.0 ± 0.0	0.26 ± 0.02	6.2 ± 0.4	1.6 ± 0.3
8月龄	母	9	0.42 ± 0.04	11.8 ± 0.7	0.23 ± 0.03	6.1 ± 0.4	1.6 ± 0.2

96. 太行山羊

太行山羊包括黎城大青羊、武安山羊和太行黑山羊，为以产肉、绒为主的山羊地方品种。

（1）**外貌特征**。太行山羊被毛长而光亮，多呈黑色，少数为青色、雪青色、灰白色和杂色等。外层被毛粗硬而长，富有光泽；内层无髓毛为紫色，细长、富有弹性。体质结实，体格中等，结构匀称，骨骼较粗。头略显粗长，面清秀，额宽平，耳小前伸。公、母羊均有须。公羊角圆粗而长，呈扭曲形向外伸展；母羊角扁细而短，角形复杂，但多呈倒八字形。颈略短粗，颈肩结合良好。胸宽深，背腰平直，后躯比前躯稍高。四肢健壮，蹄质坚实。尾短小、上翘（图205、图206）。

图205　太行山羊公羊

图206　太行山羊母羊

（2）**体重和体尺**。太行山羊体重和体尺见表136。

表136　太行山羊体重和体尺

羊别	性别	数量（只）	体重（kg）	体高（cm）	体长（cm）	胸围（cm）
周岁羊	公	70	19.3 ± 1.5	53.4 ± 1.9	57.5 ± 1.5	68.4 ± 2.1
	母	100	17.8 ± 2.3	51.4 ± 2.1	56.0 ± 2.3	63.3 ± 1.3
成年羊	公	68	42.7 ± 2.5	67.7 ± 1.6	71.9 ± 2.4	80.7 ± 1.5
	母	96	38.9 ± 1.9	61.5 ± 2.3	65.6 ± 2.0	75.3 ± 2.1

（3）**繁殖性能**。太行山羊公羊7～9月龄、母羊5～7月龄性成熟。初配年龄，公羊18月龄、母羊12月龄。母羊秋末发情，发情多集中于11月，发情周期平均17.6d，发情持续期平均60h，妊娠期平均150d，平均产羔率130%。平均初生重，公羔1.9kg，母羔1.8kg；3月龄平均断奶重，公羔14.5kg，母羔14.0kg。羔羊平均断奶成活率96.5%。

（4）**产绒性能**。太行山羊的被毛中有髓毛（含部分两型毛）占81.97%，无髓毛占18.03%。其产绒性能见表137。

表137　太行山羊产绒性能

羊别	性别	数量（只）	产绒量（g）	绒细度（μm）	绒自然长度（cm）	绒伸直长度（cm）	绒伸度（%）	单纤维强度（g）	净绒率（%）
成年羊	公	25	204.7 ± 26.1	13.7 ± 2.5	3.6 ± 0.8	5.4 ± 0.5	50.4 ± 9.7	3.8 ± 0.6	60.8 ± 6.1
	母	48	184.8 ± 31.4	13.6 ± 2.3	3.1 ± 0.6	4.6 ± 0.8	50.1 ± 7.5	3.5 ± 0.1	61.2 ± 8.2
周岁羊	公	53	169.3+24.3	12.9 ± 1.6	3.3 ± 0.5	4.8+0.7	46.5 ± 8.4	3.1 ± 0.3	63.1 ± 7.4
	母	75	133.6+29.2	12.7+2.3	2.7+0.5	4.2 ± 0.7	53.1 ± 10.0	2.9 ± 0.3	64.3 ± 7.3

97. 乌珠穆沁白山羊

乌珠穆沁白山羊属绒肉兼用山羊品种。乌珠穆沁白山羊中心产区位于内蒙古东乌珠穆沁旗、西乌珠穆沁旗、阿巴嘎旗、锡林浩特市、乌拉盖管理区，1986年10月由内蒙古自治区人民政府正式命名。产区特殊的地理位置形成了天然的地域隔离带，在漫长的发展历史中从未引入外血。乌珠穆沁白山羊20世纪60年代存栏量达30万只。之后，乌珠穆沁白山羊的发展一度陷入了困境。1977年的特大雪灾加上人工选择，乌珠穆沁白山羊存栏量在迅速下降的同时，其品质得到了纯化。进入80年代后，经过有意识的选育，乌珠穆沁白山羊产绒量提高，存栏量快速增长，目前存栏量已达112万只。

（1）外貌特征。乌珠穆沁白山羊被毛为白色，皮肤裸露处有杂色斑点。分长毛和短毛两种类型。体格较大，结构匀称。面部清秀，有前额毛和下颌须。鼻梁平直，耳向两侧伸展或半垂。公、母羊大部分有角，公羊角粗长、呈扁形，向上、后、外方伸展；母羊角细小。背腰平直，后躯稍高，体躯近似长方形。四肢端正，蹄质坚实。尾短而小（图207、图208）。

图207 乌珠穆沁白山羊公羊　　　　　图208 乌珠穆沁白山羊母羊

（2）体重和体尺。乌珠穆沁白山羊成年羊体重和体尺见表138。

表138 乌珠穆沁白山羊成年羊体重和体尺

性别	体重（kg）	体高（cm）	体长（cm）	胸围（cm）
公	64.9 ± 15.2	66.9 ± 6.8	74.4 ± 6.3	85.9 ± 9.9
母	53.5 ± 5.1	61.5 ± 2.7	66.7 ± 5.8	83.0 ± 10.3

（3）繁殖性能。乌珠穆沁白山羊母羊一般6～8月龄性成熟，发情周期17～21d，妊娠期平均150d，平均产羔率112.5%，羔羊平均断奶成活率为95%。羔羊平均初生重，公羔2.4kg，母羔2.2kg；6月龄羔羊平均断奶重，公羔27.4kg，母羔27.0kg。

（4）产绒、毛性能。乌珠穆沁白山羊产绒、毛性能及羊绒品质见表139。

表139 乌珠穆沁白山羊产绒、毛性能及羊绒品质

性别	产绒量（g）	自然长度（cm）	绒厚度（cm）	绒纤维直径（μm）	净绒率（%）
公	789.10 ± 60.71	7.56 ± 0.28	3.77 ± 0.18	14.30 ± 1.16	63.30 ± 2.36
母	463.63 ± 20.54	6.99 ± 0.43	3.30 ± 0.29	14.30 ± 1.06	63.13 ± 1.41

（5）产肉性能。据测定，乌珠穆沁白山羊成年羯羊平均宰前活重70kg，胴体重36.01kg，屠宰率51.44%，净肉重24.74kg，净肉率35.34%。

98. 长江三角洲白山羊

长江三角洲白山羊属笔料毛型山羊地方品种。

（1）外貌特征。长江三角洲白山羊全身毛色洁白，被毛紧密、柔软、富有光泽。公羊颈背及胸部被有长毛，大部分公羊额毛较长。皮肤呈白色。体格中等偏小，体躯呈长方形。头呈三角形，面微凹，耳向外上方伸展。公、母羊均有角，向后上方伸展，呈倒八字形；公、母羊均有须。公羊背腰平直，前胸较发达，后躯较窄；母羊背腰微凹，前胸较窄，后躯较宽深。蹄壳坚实，呈乳黄色。尾短而上翘（图209、图210）。

图209　长江三角洲白山羊公羊

（2）体重和体尺。长江三角洲白山羊成年羊体重和体尺见表140。

（3）繁殖性能。长江三角洲白山羊公、母羊均在4～5月龄性成熟。初配年龄，公羊7～8月龄、母羊5～6月龄。母羊常年发情，发情多集中于春、秋季，发情周期平均18.6d，发情持续期平均2.5d，妊娠期平均143.75d；2年3产或1年2产，平均产羔率230%，最高一胎产6羔。羔羊平均初生重1.37kg，45～60日龄平均断奶重8kg。

图210　长江三角洲白山羊母羊

表140　长江三角洲白山羊成年羊体重和体尺

性别	数量（只）	体重（kg）	体高（cm）	体长（cm）	胸围（cm）	胸宽（cm）	胸深（cm）	管围（cm）
公	20	35.9 ± 3.8	62.3 ± 3.8	65.4 ± 3.7	80.9 ± 3.7	17.4 ± 2.1	28.9 ± 2.6	9.0 ± 1.2
母	106	20.0 ± 3.7	58.4 ± 3.2	52.1 ± 3.4	62.2 ± 4.4	13.0 ± 1.4	23.0 ± 1.9	6.3 ± 0.3

（4）产毛性能。长江三角洲白山羊所产笔料毛，主要是当年公羔颈脊部羊毛，挺直有锋、富有弹性，是制湖笔的优良原料，其中以三类毛中的细光锋最为名贵。长江三角洲白山羊笔料毛分类见表141。

表141　长江三角洲白山羊笔料毛分类

羊别	数量（只）	总产毛量（g）	拣出块毛率（%）	三类毛比例（%）	二类毛比例（%）	一类毛比例（%）
公羊	17	278.1	59.13	7.06	19.63	32.44
羯羊	12	277	59.28	0.31	20.93	38.04
母羊	8	266.5	60.68	0	28.97	31.71
阉母羊	5	244.8	61.93	0.09	28.75	33.09

（5）产肉性能。长江三角洲白山羊周岁羊屠宰性能见表142。

表142　长江三角洲白山羊周岁羊屠宰性能

性别	数量（只）	体重（kg）	胴体重（kg）	屠宰率（%）	净肉率（%）	肉骨比
公	12	21.2	10.1	47.6	39.4	4.8 : 1
母	10	14.2	6.0	42.3	34.4	4.4 : 1

99. 黄淮山羊

黄淮山羊俗称槐山羊、安徽白山羊或徐淮白山羊，属皮肉兼用山羊地方品种。黄淮山羊原产于黄淮平原，中心产区位于河南、安徽和江苏三省接壤地区，分布于河南省周口地区的沈丘、淮阳、项城、郸城等县（市）；安徽省北部的阜阳、宿县、亳州、淮北、滁州、六安、合肥、蚌埠、淮南等县（市）；江苏省的睢宁县、丰县、铜山县、邳州市和贾汪区等县（市）。

（1）外貌特征。黄淮山羊被毛为白色，毛短、有丝光，绒毛少，肤色为粉红色。分有角、无角两个类型，具有颈长、腿长、腰身长的"三长"特征。体格中等，体躯呈长方形。头部额宽，面部微凹，眼大有神，耳小灵活，部分羊下颌有须。颈细长，背腰平直，胸深而宽，公羊前躯高于后躯。蹄质坚硬，呈蜡黄色。尾短、上翘（图211、图212）。

图211　黄淮山羊公羊

图212　黄淮山羊母羊

（2）体重和体尺。黄淮山羊以河南省的体格较大，成年羊体重和体尺见表143。

表143　黄淮山羊成年羊体重和体尺

性别	数量（只）	体重（kg）	体高（cm）	体长（cm）	胸围（cm）	胸宽（cm）	胸深（cm）
公	12	49.1 ± 2.7	79.4 ± 2.6	78.0 ± 3.6	88.6 ± 3.9	24.3 ± 1.5	34.2 ± 1.3
母	113	37.8 ± 7.4	60.3 ± 4.5	71.9 ± 6.4	81.4 ± 6.8	17.9 ± 2.3	29.2 ± 2.7

（3）繁殖性能。黄淮山羊公、母羊性成熟早。初配年龄，公羊9～12月龄、母羊6～7月龄。母羊四季发情，但以春、秋季发情较多，发情周期18～20d，发情持续期1～3d，妊娠期145～150d；1年产2胎或2年产3胎，平均产羔率332%，最高一胎可产6羔。公、母羔平均初生重2.6kg。羔羊117日龄断奶，平均断奶重，公羔8.4kg，母羔7.1kg。羔羊平均断奶成活率96%。

（4）板皮品质。黄淮山羊板皮品质好，以产优质汉口路山羊板皮著称，其中以河南省周口地区生产的槐皮质量最佳。黄淮山羊板皮呈浅黄色和棕黄色，俗称"蜡黄板"或"豆茬板"，油润光亮，有黑豆花纹，板质致密，毛孔细小而均匀，每张板皮可分6～7层，分层薄而不破碎，折叠无白痕，拉力强而柔软，韧性大且弹力强，是制作高级皮革"京羊革"和"苯胺革"的上等原料。

（5）产肉性能。黄淮山羊周岁羊屠宰性能见表144。

表144　黄淮山羊周岁羊屠宰性能

性别	数量（只）	宰前活重（kg）	胴体重（kg）	屠宰率（%）	净肉重（kg）	净肉率（%）	肉骨比
公	5	18.8 ± 1.51	9.6 ± 1.12	51.1 ± 2.00	6.8 ± 0.76	36.2 ± 1.57	（2.4 ± 0.25）:1
母	5	26.3 ± 1.76	13.5 ± 1.88	51.3 ± 3.85	9.7 ± 1.44	36.9 ± 3.04	（2.6 ± 0.25）:1

100. 戴云山羊

戴云山羊属以产肉为主的山羊地方品种。

（1）外貌特征。戴云山羊毛色以全黑为主，也有少数为褐色。体质结实，四肢健壮。头狭长，呈三角形，两耳直立。公羊有须、有角，角较粗大，向后侧弯曲。少数羊颌下有两个肉垂。背腰平直，体躯前低后高，尻倾斜。尾短小、上翘（图213、图214）。

图213　戴云山羊公羊

图214　戴云山羊母羊

（2）体重和体尺。戴云山羊成年羊体重和体尺见表145。

表145　戴云山羊成年羊体重和体尺

性别	数量（只）	体重（kg）	体高（cm）	体长（cm）	胸围（cm）	胸宽（cm）	胸深（cm）
公	64	33.7 ± 8.4	56.6 ± 6.6	65.9 ± 6.3	71.0 ± 7.2	16.1 ± 2.7	25.7 ± 3.1
母	413	30.49 ± 5.0	53.9 ± 4.4	63.9 ± 5.6	67.2 ± 5.6	14.7 ± 2.2	25.0 ± 3.5

（3）繁殖性能。戴云山羊性成熟年龄，公羊5月龄左右，母羊6月龄左右；初配年龄，公羊7月龄左右，母羊8月龄左右。母羊发情周期平均19.9d，妊娠期平均149.2d，平均产羔率200%。平均初生重，公羔1.1kg，母羔1.0kg；平均断奶重，公羔6.7kg，母羔6.1kg。羔羊平均断奶成活率91.8%。

（4）产肉性能。经过短期育肥的戴云山羊周岁羊屠宰性能见表146。

表146　戴云山羊周岁羊屠宰性能

性别	数量（只）	宰前活重（kg）	胴体重（kg）	屠宰率（%）	净肉率（%）
公	23	25.3 ± 7.8	9.6 ± 2.9	37.9 ± 4.0	31.6 ± 2.5
母	21	21.8 ± 6.2	7.7 ± 2.9	35.3 ± 4.5	28.1 ± 1.8

注：2006年在德化、惠安和尤溪县测定。

101. 福清山羊

福清山羊原称高山羊，属以肉用为主的山羊地方品种。

（1）外貌特征。福清山羊被毛颜色深浅不一，有褐色、灰褐色和灰白色3种。按毛色分布表现有"乌面、乌龙、乌肚、乌膝"特征，即颜面和鼻梁上部有三角形的黑毛区，称为"乌面"；从颈脊向后延伸有一带状黑色毛区，称为"乌龙"；腹下毛黑如锅底，称为"乌肚"；四肢腕、跗关节以下呈黑色，称为"乌膝"。皮肤为青色。被毛粗短，额部、鬐甲部、肩部以及腕、跗关节以上部位簇生长毛。体格中等，头呈三角形。耳薄小，耳端尖，耳郭外圈黑，两耳向前倾立。公、母羊均有角、有须，角呈倒八字形且向后侧弯曲。额平。颈细长，体躯呈长方形，胸宽，背平，尻斜。四肢细短。尾短、上翘（图215、图216）。

图215　福清山羊公羊　　　　　　图216　福清山羊母羊

（2）体重和体尺。福清山羊体重和体尺见表147。

表147　福清山羊体重和体尺

性别	数量（只）	体重（kg）	体高（cm）	体长（cm）	胸围（cm）	胸宽（cm）	胸深（cm）
公	29	24.9 ± 4.8	54.7 ± 6.8	65.3 ± 6.5	74.1 ± 8.3	20.9 ± 9.3	28.5 ± 4.7
母	195	25.7 ± 8.2	53.1 ± 5.0	65.5 ± 5.6	73.5 ± 5.1	17.7 ± 3.1	27.5 ± 2.9

（3）繁殖性能。福清山羊3月龄性成熟，5月龄体重达15kg时就可配种。母羊发情周期平均20.3d，妊娠期平均149.1d，平均产羔率230%。平均初生重，公羔2.1kg，母羔1.9kg；平均断奶重，公羔7.3kg，母羔为6.6kg。羔羊平均断奶成活率93.5%。

（4）产肉性能。福清山羊屠宰性能见表148。

表148　福清山羊屠宰性能

性别	数量（只）	宰前活重（kg）	胴体重（kg）	屠宰率（%）	净肉率（%）
公	30	25.2 ± 6.7	11.0 ± 4.1	43.7 ± 4.2	33.7 ± 3.3
母	23	22.7 ± 3.5	9.4 ± 1.2	41.4 ± 4.9	33.2 ± 2.9

注：2006年在福清、永泰县测定。

102. 闽东山羊

闽东山羊属以产肉为主的山羊地方品种。

（1）外貌特征。闽东山羊被毛呈浅白黄色，单纤维呈不同颜色段。多数羊两角根部至嘴唇有两条完整的白色毛带，少数个体白色毛带不完整，只生长于两眼上部，俗称"白眉羊"。腕、跗关节以下前侧有黑带，其余均为白色。公羊颜面鼻梁部有近似三角形的黑毛区，由头部沿背脊向后延伸至尾巴有一黑色条带，颈部、肋部、腹底为白色，肋部和腹底交界处和腿部为黑色。体质结实，体格较大，体躯呈长方形。头略呈三角形、中等大小，耳小、侧伸、嘴齐、唇薄。公、母羊均有角，两角向后或后外侧弯曲。下颌有须，部分山羊颈下有肉垂。颈长适中，背腰宽平，尻部略斜。蹄质坚实，呈黑色。尾短、上翘（图217、图218）。

图217　闽东山羊公羊　　　　　　　　图218　闽东山羊母羊

（2）体重和体尺。闽东山羊成年羊体重和体尺见表149。

表149　闽东山羊成年羊体重和体尺

性别	数量（只）	体重（kg）	体高（cm）	体长（cm）	胸围（cm）	胸宽（cm）	胸深（cm）
公	30	43.2 ± 7.2	61.7 ± 4.6	68.6 ± 4.9	79.7 ± 5.9	20.9 ± 2.4	33.0 ± 2.8
母	34	36.6 ± 5.4	56.8 ± 3.7	69.9 ± 4.8	78.6 ± 5.1	20.7 ± 2.5	31.4 ± 1.6

（3）繁殖性能。闽东山羊公、母羊均5月龄性成熟。初配年龄，公羊9～12月龄，母羊6～8月龄。母羊常年发情，以春、秋季发情较为集中。发情周期平均20d，发情持续期48～72h，妊娠期平均149.6d，平均产羔率193%，初产母羊多产单羔，经产母羊平均产羔率202.6%。平均初生重，公羔1.9kg，母羔1.7kg。羔羊平均断奶成活率90%。

（4）产肉性能。闽东山羊周岁羊屠宰性能见表150。

表150　闽东山羊周岁羊屠宰性能

性别	数量（只）	宰前活重（kg）	胴体重（kg）	屠宰率（%）	净肉率（%）	肉骨比
公	31	22.3 ± 6.2	10.6 ± 3.4	47.5 ± 4.9	38.9 ± 3.4	（4.5 ± 0.8）：1
母	30	19.1 ± 3.4	7.7 ± 1.4	40.3 ± 5.3	31.6 ± 3.8	（3.6 ± 0.4）：1

注：2007年10月在福安市、霞浦县、福鼎市等地测定。

103. 赣西山羊

赣西山羊属以产肉为主的山羊地方品种。赣西地区群众素有养羊和崇尚黑色食品的习惯，善于从适应性、爬山能力和采食能力等方面选育山羊，经过长期的人工选择和自然选择，逐步形成以"黑毛白肤"为主的赣西山羊。中心产区在江西省的长平、福田、老关、桐木和万载等县、区，分布于江西省的上高、修水、宜丰、铜鼓和袁州，以及湖南省的浏阳、醴陵等县。赣西山羊1979年存栏量为4.9万只，2000年发展到30万只，2006年达到50万只，黑、白两色山羊的数量比例从原来的1∶1变化为7∶3。

（1）外貌特征。赣西山羊被毛以黑色为主，其次为白色或麻色。被毛较短，皮肤为白色。体格较小，体质结实，体躯呈长方形。头大小适中，额平而宽，眼大。角向上、向外叉开，呈倒八字形，公羊角比母羊角粗长。颈细而长。躯干较长，腰背宽而平直。前肢较直，后肢稍弯，蹄质坚硬。尾短瘦（图219、图220）。

图219　赣西山羊公羊　　　　　　　　图220　赣西山羊母羊

（2）体重和体尺。赣西山羊成年羊体重和体尺见表151。

表151　赣西山羊成年羊体重和体尺

性别	数量（只）	体重（kg）	体高（cm）	体斜长（cm）	胸围（cm）
公	30	28.7 ± 10.3	55.1 ± 7.6	60.7 ± 9.8	70.1 ± 8.1
母	30	27.1 ± 6.6	50.3 ± 4.2	57.3 ± 5.3	69.1 ± 5.5

（3）繁殖性能。赣西山羊性成熟年龄，公羊4～5月龄，母羊4月龄。初配年龄，公羊7～8月龄、母羊6月龄。母羊发情季节主要在春、秋两季，发情周期平均21d，妊娠期140～150d，产羔率172%～300%。羔羊初生重1.2～1.8kg。断奶重，公羔7～8kg，母羔6.5～7.5kg。羔羊平均断奶成活率85%。

（4）产肉性能。据对13只放牧饲养的赣西山羊周岁羯羊进行的屠宰性能测定，宰前活重（16.3±3.4）kg，胴体重（7.2±1.3）kg，屠宰率（44.2±5.7）%，净肉率（32.0±6.1）%。据测定，羊肉中含水量为（77.97±0.72）%，粗蛋白质（19.53±0.65）%，粗脂肪（1.83±0.38）%，粗灰分（0.97±0.06）%。

104. 广丰山羊

广丰山羊属以产肉为主的山羊地方品种。原产于江西省东北部的广丰县，分布于江西省的玉山、上饶及福建省的浦城等县。据《广丰县志》记载，远在唐代当地就饲养有山羊。在当地自然生态条件下，经过群众长期精心选育形成该地方优良品种。广丰山羊适应当地低山丘陵的生态环境，具有耐粗饲、采食能力强、抗病能力强、繁殖力强等特点，但体格偏小、生长速度较慢。

（1）外貌特征。广丰山羊全身被毛为白色，皮肤为白色，被毛粗短。体型偏小，体质结实。公、母羊均有角，公羊角较粗大，向上外方伸长，呈倒八字形。头稍长、额宽且平，耳圆长而灵活，颌下有须。颈细长，多无肉垂。体躯呈方形或长方形，胸宽深，背平，尻斜，腹大，后躯比前躯略高。腿直，蹄质结实。尾短小而上翘（图221、图222）。

图221 广丰山羊公羊

图222 广丰山羊母羊

（2）体重和体尺。广丰山羊成年羊体重和体尺见表152。

表152 广丰山羊成年羊体重和体尺

性别	数量（只）	体重（kg）	体高（cm）	体长（cm）	胸围（cm）
公	20	36.2 ± 10.8	55.6 ± 7.8	60.7 ± 9.8	73.7 ± 8.8
母	91	25.4 ± 5.9	47.3 ± 4.2	51.3 ± 4.8	63.9 ± 6.0

（3）繁殖性能。广丰山羊性成熟年龄，公羊4～5月龄，母羊4月龄。初配年龄，公羊12月龄，母羊6月龄。母羊发情多集中在春、秋两季，发情周期18～23d，妊娠期140～150d，产羔率151%～285%。羔羊平均初生重2.1kg。羔羊平均断奶成活率85%。

（4）产肉性能。对15只自然饲养条件下的广丰山羊周岁羯羊进行屠宰测定，平均宰前活重（23.3±6.6）kg，胴体重（11.3±3.7）kg，屠宰率（48.5±4.3）%，净肉率（35.4±3.4）%，肉骨比（2.7±0.3）：1。据测定，肌肉中含水量（77.83±2.69）%，粗蛋白质（18.68±2.41）%，粗脂肪（2.40±0.94）%，粗灰分（0.93±0.05）%。

105. 尧山白山羊

尧山白山羊又称鲁山牛腿山羊，属肉皮兼用山羊地方遗传资源，原产于河南省鲁山县的四棵树乡，分布于鲁山县的赵村、背孜、下汤、尧山、瓦屋、仓头、团城等乡（镇）。

（1）外貌特征。尧山白山羊被毛为纯白色，毛长一般在10cm以上，皮肤为白色。体格较大，体躯呈长方形。多数有角，以倒八字形角为主。头短，额宽，鼻梁隆起，耳小、直立。颈短而粗，颈肩结合良好。胸宽深，肋骨开张良好，背腰宽平，后躯肌肉丰满。四肢粗壮。蹄质结实，为琥珀色或蜡黄色。尾短小（图223、图224）。

图223　尧山白山羊公羊

图224　尧山白山羊母羊

（2）体重和体尺。尧山白山羊成年羊体重和体尺见表153。

表153　尧山白山羊成年羊体重和体尺

性别	年龄（岁）	数量（只）	体重（kg）	体高（cm）	体长（cm）	胸围（cm）	胸深（cm）
公	1	15	30.8 ± 3.1	64.5 ± 2.5	71.8 ± 3.4	75.9 ± 3.9	37.0 ± 1.5
	2	12	45.8 ± 4.5	74.2 ± 6.5	79.8 ± 5.8	88.8 ± 4.8	39.2 ± 1.7
	3	9	55.2 ± 5.4	74.9 ± 10.4	82.5 ± 6.2	92.7 ± 5.2	41.0 ± 2.2
母	1	25	27.6 ± 2.7	62.7 ± 4.5	67.8 ± 5.7	73.3 ± 4.0	32.7 ± 1.5
	2	32	35.2 ± 6.1	67.5 ± 3.6	73.9 ± 4.8	79.2 ± 4.7	35.5 ± 2.2
	3	37	40.9 ± 3.6	68.1 ± 4.2	71.8 ± 3.4	83.3 ± 3.7	37.1 ± 2.5

（3）繁殖性能。尧山白山羊性成熟年龄，母羊3～4月龄，公羊4～5月龄。初配年龄，母羊1岁左右，公羊1.5岁左右。母羊常年发情，以春、秋两季发情较多，发情周期平均18d，发情持续24～48h；妊娠期145～155d，产后20～40d发情；1年产2胎或2年产3胎，平均产羔率126%。平均初生重，公、母羔羊均为2.2kg。60日龄平均断奶重，公羔9.8kg，母羔8.2kg。羔羊平均断奶成活率95%。

（4）产肉性能。据2009年2月测定，9只周岁尧山白山羊羯羊平均宰前活重（30.7 ± 5.8）kg，胴体重（16.8 ± 3.9）kg，屠宰率54.7%，净肉率43.1%，肌肉主要化学成分占比为水分76.5%，干物质23.5%，粗蛋白质19.1%，粗脂肪3.4%，粗灰分0.96%。

（5）产毛皮性能。尧山白山羊平均年产毛量，公羊0.6kg，母羊0.3kg。其板皮平均重1.65kg，面积平均0.55m²，板皮平均伸长率为34%，用其制成的成品革丰满性较好。

106. 济宁青山羊

济宁青山羊属羔皮型山羊地方品种。

(1) 外貌特征。济宁青山羊具有"四青一黑"特征，即被毛、嘴唇、角、蹄为青色，前膝为黑色。被毛由黑、白毛纤维组成，根据色毛比例的不同，分为正青色、粉青色、铁青色3种。毛色随年龄增长由浅变深，按被毛长短可分为长毛型和短毛型，以长毛型居多。体质结实，结构匀称，体格较小。头呈三角形，额较宽、多有淡青色白章。公羊头部有卷毛，母羊无；公、母羊颌下有须。公羊角粗，呈三角形，向后上方伸展；母羊角细长，多向上、略向外伸展。公羊颈粗短，前胸发达，鬐甲较高，四肢粗壮，前肢略高于后肢；母羊颈细长，后躯宽深，后肢略高于前肢。尾上翘（图225、图226）。

图225　济宁青山羊公羊

图226　济宁青山羊母羊

(2) 体重和体尺。济宁青山羊成年羊体重和体尺见表154。

表154　济宁青山羊成年羊体重和体尺

性别	数量（只）	体重（kg）	体高（cm）	体长（cm）	胸围（cm）
公	100	27.2 ± 3.2	62.0 ± 2.3	67.3 ± 4.1	75.8 ± 7.0
母	400	22.2 ± 2.2	55.4 ± 3.7	63.2 ± 3.9	72.1 ± 5.1

(3) 繁殖性能。济宁青山羊公、母羊3～4月龄性成熟。初配年龄，公羊7月龄，母羊5～6月龄。母羊常年发情，但以春、秋季发情较为集中，发情周期（17.5 ± 0.5）d，妊娠期（147 ± 2.5）d，平均产羔率283%，羔羊平均断奶成活率95%。羔羊初生重（1.3 ± 0.1）kg，60日龄断奶重（4.0 ± 0.5）kg。

(4) 产肉性能。济宁青山羊周岁羊屠宰性能见表155。

表155　济宁青山羊周岁羊屠宰性能

性别	宰前活重（kg）	胴体重（kg）	屠宰率（%）	净肉重（kg）	净肉率（%）
公	22.3 ± 4.6	12.4 ± 3.2	55.6 ± 3.7	6.7 ± 1.1	30.0 ± 2.1
母	20.0 ± 4.0	10.6 ± 2.3	53.0 ± 1.6	6.1 ± 1.9	30.5 ± 1.7

(5) 产毛、绒性能。济宁青山羊1年剪毛1次。成年公羊产毛量200～300g，产绒量50～70g；成年母羊产毛量100～200g，产绒量30～50g。毛长8～12cm，绒长3～4cm，平均绒细度12.8μm。

107. 莱芜黑山羊

莱芜黑山羊又名莱芜大黑山羊，属以产肉、绒为主的山羊地方品种。

（1）外貌特征。莱芜黑山羊被毛以纯黑为主（占90%），少数为"火焰腿"，即背侧部为黑色，四肢、腹部、肛门周围、耳内毛及面部为深浅不一的黄色。皮肤均为黑色。体格中等，体躯呈长方形，结构匀称。公羊被毛长，头较大，颈粗，前躯发达，大多有粗壮角，角形有剪刀形、倒八字形、捻角形等；母羊被毛稍短，头小而清秀，颈细长，前躯较窄，后躯发育良好，大多数角为倒八字形、板角形等。四肢端正，蹄质坚实。尾短瘦而上翘（图227、图228）。

图227 莱芜黑山羊公羊

（2）体重和体尺。莱芜黑山羊成年羊体重和体尺见表156。

（3）繁殖性能。莱芜黑山羊公、母羊一般4～6月龄性成熟，周岁公羊即可用于配种，母羊初配年龄为7～9月龄。母羊四季发情，但以春、秋季发情较为集中。发情周期平均20d，发情持续期28～34h，妊娠期平均150d，平均产羔率164%。公羔平均初生重1.9kg。

图228 莱芜黑山羊母羊

表156 莱芜黑山羊成年羊体重和体尺

性别	羊别	数量（只）	体重（kg）	体高（cm）	体长（cm）	胸围（cm）
公	周岁羊	26	23.6±3.1	51.1±4.0	56.1±5.0	65.2±5.6
	成年羊	15	44.0±6.6	60.9±4.1	68.3±5.4	75.4±4.9
母	周岁羊	32	16.5±4.4	48.2±4.5	52.1±5.8	57.0±6.4
	成年羊	104	27.4±6.8	53.6±4.4	60.2±6.5	65.4±7.1

（4）产肉性能。莱芜黑山羊周岁羊屠宰性能见表157。

表157 莱芜黑山羊周岁羊屠宰性能

羊别	数量（只）	宰前活重（kg）	胴体重（kg）	屠宰率（%）	净肉重（kg）	净肉率（%）	肉骨比
羯羊	20	40.4±2.9	18.9±1.4	46.8±1.2	15.3±1.2	38.0±0.8	4.3∶1
母羊	15	29.3±3.7	13.2±1.6	45.1±1.4	11.2±1.2	38.2±0.7	5.6∶1

（5）产毛、绒性能。莱芜黑山羊产毛、绒量见表158。

表158 莱芜黑山羊产毛、绒量

羊别	公羊数量（只）	公羊产绒量（kg）	公羊产毛量（kg）	母羊数量（只）	母羊产绒量（kg）	母羊产毛量（kg）
周岁羊	30	0.19±0.03	0.19±0.02	45	0.18±0.02	0.18±0.01
成年羊	15	0.35±0.03	0.34±0.03	86	0.20±0.03	0.30±0.02

108. 鲁北白山羊

鲁北白山羊属肉皮兼用山羊地方品种。鲁北白山羊主产于山东省的滨州、德州、聊城及毗邻的东营、济南等地区，主要分布于滨城区及无棣、沾化、阳信、利津、垦利、平原、茌平、冠县、高唐等地。

鲁北白山羊1998年存栏量为200万只，由于受引进羊杂交改良的影响，数量曾一度减少，加之缺乏有计划的选种选配，近亲繁殖现象严重，群体生产性能降低。近年来，随着市场对羊肉需求的增长，群体数量又有上升。

（1）外貌特征。鲁北白山羊被毛为白色，较短。体质结实，结构匀称。头大小适中，上宽下窄。公、母羊多数（60%以上）有角、须和肉垂（占80%）。公羊颈较粗短，母羊颈较细长。前躯发达，背腰平直，四肢较细，尾小（图229、图230）。

图229　鲁北白山羊公羊　　　　　　图230　鲁北白山羊母羊

（2）体重和体尺。鲁北白山羊成年羊体重和体尺见表159。

表159　鲁北白山羊成年羊体重和体尺

性别	数量（只）	体重（kg）	体高（cm）	体长（cm）	胸围（cm）
公	20	41.07 ± 3.79	68.64 ± 1.1	70.99 ± 2.1	80.28 ± 2.4
母	60	30.68 ± 5.02	61.07 ± 2.4	64.81 ± 2.4	73.79 ± 6.8

（3）繁殖性能。鲁北白山羊3～5月龄性成熟。初配年龄，公羊6～7月龄，母羊5～6月龄。母羊常年发情，但以春、秋季发情较为集中，发情周期平均17d，妊娠期平均150d，平均产羔率230%，羔羊平均断奶成活率93%。公、母羔羊平均初生重1.8kg，90日龄平均断奶重10.9kg。

（4）产肉性能。对15只未经育肥的鲁北白山羊周岁公羊进行屠宰性能测定，宰前活重（24.5±3.3）kg，胴体重（10.4±3.2）kg，屠宰率（42.4±2.1）%，净肉率（31.1±2.8）%。肉质鲜嫩、膻味小，蛋白质含量高。据测定，其肌肉中含水量71.22%，干物质28.78%，粗蛋白质22.20%，粗脂肪5.54%，粗灰分1.04%；肌纤维直径（53.75±13.01）μm，肌纤维密度（338±53）根/mm²。

（5）皮用性能。鲁北白山羊3月龄、6月龄、12月龄公羊鲜皮平均重分别为0.96kg、1.2kg、1.39kg，面积相应为3 197.5cm²、4 045.5cm²和4 755.5cm²。皮板优良，细致柔软，拉力强，弹力高。

（6）产毛、绒性能。鲁北白山羊成年羊年平均产毛量0.2kg，毛长4～5cm；成年羊产绒量10～15g，绒长2～3cm。

109. 沂蒙黑山羊

沂蒙黑山羊又名黑山羊、大黑山羊，属肉用山羊地方品种。

（1）外貌特征。沂蒙黑山羊毛色以黑色为主，青灰色、棕红色次之，少部分为"二花脸"，即全身被毛黑色，但面部鼻梁两侧有白毛或红毛，腹下至四肢末端为白色或棕红色。头稍短，额宽，眼大，颌下有须。公、母羊大都有角，公羊角粗长，向后上方捻曲伸展；母羊角短小。颈长短适中，背腰平直，胸深。四肢健壮有力，蹄质坚实。尾短而上翘（图231、图232）。

图231　沂蒙黑山羊公羊

图232　沂蒙黑山羊母羊

（2）体重和体尺。沂蒙黑山羊周岁羊、成年羊体重和体尺见表160。

表160　沂蒙黑山羊周岁羊、成年羊体重和体尺

性别	羊别	数量（只）	体重（kg）	体高（cm）	体长（cm）	胸围（cm）
公	周岁羊	30	26.4 ± 5.8	46.7 ± 5.7	51.3 ± 5.8	59.5 ± 6.5
	成年羊	25	32.4 ± 6.5	57.8 ± 4.9	63.8 ± 5.5	72.2 ± 7.3
母	周岁羊	66	18.7 ± 3.4	47.3 ± 3.7	51.0 ± 5.6	58.5 ± 5.8
	成年羊	140	25.9 ± 3.7	52.7 ± 5.5	59.2 ± 7.6	67.9 ± 4.4

（3）繁殖性能。沂蒙黑山羊性成熟年龄，公羊6～7月龄，母羊4～5月龄。初配年龄，公羊为12月龄，母羊为8～10月龄。多数羊为季节性发情，母羊妊娠期平均150d，平均产羔率140%，羔羊平均断奶成活率90%。公、母羔羊平均初生重1.8kg。90日龄平均断奶重10.1kg。

（4）产肉性能。沂蒙黑山羊周岁羊屠宰性能见表161。

表161　沂蒙黑山羊周岁羊屠宰性能

性别	数量（只）	宰前活重（kg）	胴体重（kg）	屠宰率（%）	净肉重（kg）	净肉率（%）	肉骨比
公	10	45.6 ± 1.7	22.0 ± 0.8	48.2 ± 0.3	17.5 ± 0.7	38.4 ± 2.8	3.9 : 1
母	5	35.6 ± 1.5	16.5 ± 0.6	46.3+0.6	13.1 ± 0.7	36.9 ± 0.9	3.9 : 1

（5）毛皮性能。沂蒙黑山羊羔皮色泽鲜亮，具有美丽的波浪式花纹。大羊皮的皮板厚实，厚度均匀，富有弹性。

110. 伏牛白山羊

伏牛白山羊原名西峡大白山羊，属肉皮兼用山羊地方品种。原产于河南省伏牛山南麓的内乡县，中心产区为内乡、淅川、西峡、南召、镇平等地，伏牛山北麓的部分县（市）也有分布。

（1）**外貌特征**。伏牛白山羊被毛为纯白色，有长毛和短毛两种类型。体格中等，体躯较长。头部清秀、上宽下窄，分有角和无角两种。有角形的角以倒八字角为主，呈灰白色。鼻梁稍隆，耳小直立，眼大有神。公羊颈粗壮，母羊颈略窄。胸较深，背腰平直，中躯略长，尻稍斜。四肢健壮，蹄质坚实。尾短瘦（图233、图234）。

图233 伏牛白山羊公羊

图234 伏牛白山羊母羊

（2）**体重和体尺**。伏牛白山羊成年羊体重和体尺见表162。

表162 伏牛白山羊成年羊体重和体尺

性别	数量（只）	体重（kg）	体高（cm）	体长（cm）	胸围（cm）	胸宽（cm）	胸深（cm）
公	20	44.8 ± 5.8	67.3 ± 4.7	75.0 ± 4.2	84.3 ± 4.8	17.5 ± 1.9	33.6 ± 3.1
母	80	37.3 ± 6.2	61.9 ± 4.3	68.8 ± 5.4	78.2 ± 5.5	15.7 ± 2.0	32.0 ± 2.5

（3）**繁殖性能**。伏牛白山羊公、母羊一般3～4月龄性成熟，初配年龄为8～10月龄。母羊四季发情，但以春、秋两季发情较集中。发情周期16～20d，发情期持续1～2d；妊娠期142～155d，平均产羔率211.1%，其中初产羔羊163.2%，经产母羊223.9%，最高1胎产羔7只。平均初生重，公羔2.7kg，母羔2.5kg；平均断奶重，公羔7.6kg，母羔7.3kg。

（4）**肉用性能**。伏牛白山羊周岁羊屠宰性能见表163。

表163 伏牛白山羊周岁羊屠宰性能

性别	数量（只）	宰前活重（kg）	胴体重（kg）	屠宰率（%）	净肉重（kg）	净肉率（%）
公	6	35.2 ± 2.3	18.1 ± 1.5	51.3	15.6 ± 1.3	44.2
母	4	32.1 ± 2.3	16.4 ± 1.8	51.1	13.8 ± 1.6	43.0

（5）**皮用性能**。伏牛白山羊板皮大而致密，平均长91.4cm、宽73.6cm、厚3.04mm，抗张力强，一张皮可分5～6层。

111. 麻城黑山羊

麻城黑山羊原称青羊，属于肉皮兼用山羊地方品种。

（1）外貌特征。麻城黑山羊全身毛色为纯黑色，被毛粗硬、有少量绒毛，皮肤为粉色。体格中等，体躯丰满。头略长、近似马头状。额宽，耳大，眼大凸出而有神。公、母羊绝大多数有角、有须。公羊角粗大，呈镰刀状，略向后外侧扭转；母羊角较小，多呈倒八字形，向后上方弯曲。角色为青灰色，无角者少。公羊腹部紧凑，母羊腹大而不下垂。四肢端正，蹄质坚实。尾短、瘦（图235、图236）。

图235 麻城黑山羊公羊

（2）体重和体尺。麻城黑山羊体重和体尺见表164。

（3）繁殖性能。麻城黑山羊公、母羊均为4～5月龄性成熟。初配年龄，公、母羊均为8～10月龄。母羊常年发情，但以春、秋两季发情较多。发情周期平均20.5d，发情持续期1.5～3d，妊娠期149～151d。平均产羔率205%，最高1胎可产羔5只，2年产3胎母羊占群体的80%。平均初生重，公羔1.9kg，母羔1.7kg。平均断奶重，公羔10.0kg，母羔9.0kg。羔羊平均断奶成活率88%。

图236 麻城黑山羊母羊

表164 麻城黑山羊体重和体尺

羊别	性别	体重（kg）	体高（cm）	体长（cm）	胸围（cm）
周岁羊	公	23.3±5.0	61.2±6.0	58.4±7.0	75.0±5.5
	母	20.0±5.0	58.6±4.0	56.0±6.0	68.0±6.0
成年羊	公	40.0±4.0	71.0±7.0	72.0±6.7	88.0±5.0
	母	34.0±4.0	68.0±6.5	69.0±8.0	82.0±5.5

（4）产肉性能。在自然饲养条件下，麻城黑山羊周岁羊屠宰性能见表165，麻城黑山羊肌肉主要化学成分见表166。

表165 麻城黑山羊周岁羊屠宰性能

性别	体重（kg）	屠宰率（%）	净肉率（%）	肉骨比
公	38.6±5.5	51.5±1.7	38.4±4.8	4.3:1
母	30.8±4.5	48.5±2.27	36.5±3.58	3.2:1

表166 麻城黑山羊肌肉主要化学成分（%）

羊别	水分	干物质	粗蛋白质	粗脂肪	粗灰分
去势羊	75.8±2.1	24.2±2.6	19.3±1.8	3.8±2.8	1.1±0.3
公羊	71.2±2.8	28.8+2.8	23.7+1.8	4.2±2.9	0.9±0.2
母羊	74.6±3.1	25.4±3.1	22.2±1.5	2.1±1.6	1.1±0.1

112. 马头山羊

马头山羊属肉皮兼用山羊地方品种。

马头山羊产于湖南、湖北西部山区。中心产区为湖北省郧西、房县、郧县、竹山、竹溪、巴东、建等县，以及湖南省石门、芷江、新晃、慈利等县，陕西、四川、河南与湖北、湖南接壤地区也有分布。

（1）外貌特征。马头山羊全身被毛绝大多数为白色，次为杂色、黑色、麻色。被毛粗短、有光泽，公羊被毛较母羊长。体质结实，结构匀称。头大小中等。公、母羊均无角，皆有胡须；眼睛较大而微鼓。公羊耳大下垂，母羊耳小直立。颈细长而扁平。体躯呈圆筒状，胸宽深，背腰平直，部分羊背脊较宽（俗称"双脊羊"），十字部高于鬐甲部，尻稍倾斜，后躯发育良好。四肢坚实。蹄质坚硬，呈淡黄色或灰褐色。尾短小而上翘（图237、图238）。

图237　马头山羊公羊

图238　马头山羊母羊

（2）体重和体尺。马头山羊成年羊体重和体尺见表167。

表167　马头山羊成年羊体重和体尺

性别	数量（只）	体重（kg）	体高（cm）	体长（cm）	胸围（cm）	胸宽（cm）	胸深（cm）
公	20	43.8 ± 5.1	65.2 ± 4.8	77.1 ± 6.8	82.9 ± 4.4	19.2 ± 2.5	31.8 ± 3.7
母	80	35.3 ± 4.3	62.6 ± 4.6	72.2 ± 4.3	78.4 ± 3.5	18.4 ± 2.1	29.1 ± 1.8

（3）繁殖性能。马头山羊公、母羊4～5月龄性成熟，5～8月龄初配。母羊常年发情，但多集中在春末与深秋配种，发情周期17～21d，发情持续期48～86h，产后18～42d发情，妊娠期143～154d，平均产羔率270%。平均初生重，公羔1.8kg，母羔1.8kg。2月龄平均断奶重，公羔13.8kg，母羔12.4kg。羔羊平均断奶成活率98%。

（4）产肉性能。马头山羊周岁羊屠宰性能见表168。

表168　马头山羊周岁羊屠宰性能

性别	宰前活重（kg）	胴体重（kg）	屠宰率（%）	净肉率（%）
公	36.2 ± 8.9	19.8 ± 5.1	54.7 ± 1.6	47.78 ± 1.9
母	28.9 ± 2.7	14.5 ± 1.5	50.2 ± 0.8	42.6 ± 1.2

（5）皮板品质。马头山羊皮板质地柔软、洁白、韧性强、弹性好、张幅大，平均面积8 190cm^2，皮厚0.3mm。每张皮板可剖分为多层。

113. 宜昌白山羊

宜昌白山羊俗名长阳粉角羊、铁角羊，属皮肉兼用山羊地方品种。

宜昌白山羊中心产区位于湖北省西南部山区，主要分布于长阳、五峰、秭归、宜都、兴山、宜昌、巴东、建始、施、利川及周边县（市）。

（1）外貌特征。宜昌白山羊全身被毛为白色，公羊被毛较长，皮肤为白色。体格中等，体质细致紧凑，结构匀称。公母羊均有角、有须，角呈倒八字形，向两后侧倒偏，角色有粉红色和青灰色两种。额微凸。公羊颈部短粗，母羊颈部细长清秀，部分颈下有肉垂。背腰平直，胸宽而深，十字部略高于鬐甲部，腹大而圆，尻宽略斜。四肢强健，蹄质坚实。尾短、翻卷上翘（图239、图240）。

图239 宜昌白山羊公羊

图240 宜昌白山羊母羊

（2）体重和体尺。宜昌白山羊成年羊体重和体尺见表169。

表169 宜昌白山羊成年羊体重和体尺

性别	数量（只）	体重（kg）	体高（cm）	体长（cm）	胸围（cm）	胸宽（cm）	胸深（cm）
公	24	35.9 ± 6.1	63.7 ± 4.1	68.2 ± 3.6	76.1 ± 7.0	20.9 ± 2.4	33.2 ± 2.2
母	96	28.7 ± 4.9	50.7 ± 3.7	60.2 ± 3.8	66.5 ± 5.5	17.4 ± 1.9	27.3 ± 2.5

（3）繁殖性能。宜昌白山羊公、母羊5月龄性成熟，初配年龄一般为8月龄。母羊四季发情，以春、秋两季发情较多。发情周期平均19d，发情持续期48～72h，妊娠期平均149d，平均产羔率183.3%。平均初生重，公羔1.72kg，母羔1.65kg。3月龄平均断奶重，公羔8.9kg，母羔7.9kg。羔羊平均断奶成活率98%。

（4）产肉性能。在自然饲养条件下，宜昌白山羊的出栏时间以冬季为主。2006年12月在长阳县对12月龄左右中等膘情的公、母羊各10只进行屠宰测定。宰前活重，公羊（23.8 ± 1.1）kg，母羊（19.1 ± 1.2）kg；胴体重，公羊（11.3 ± 0.7）kg，母羊（9.0 ± 0.5）kg；屠宰率，公羊47.5%，母羊47.1%。公、母羊平均净肉重（7.4 ± 1.1）kg，骨重（2.3 ± 0.2）kg，净肉率34.8%，肉骨比3.3：1。

（5）板皮质量。宜昌白山羊所产"宜昌路板皮"呈杏黄色，厚薄均匀、纤维细致、弹性好、拉力强、油性足，具有坚韧、柔软、革面细腻、可分剥为数层、出革率高等特点。据测定，平均板皮面积，6月龄羊3 600cm²，12月龄羊4 400cm²，18月龄羊5 800cm²。

114. 湘东黑山羊

湘东黑山羊俗名浏阳黑山羊，属皮肉兼用山羊地方品种。

（1）外貌特征。湘东黑山羊被毛为全黑色，油光发亮。头小而清秀，眼大有神，耳斜立，额面微突起，鼻梁稍拱。公、母羊均有角，呈灰黑色。公羊角向后两侧伸展，呈镰刀状，背腰平直，四肢短直，蹄壳结实，尾短而上翘。公羊被毛比母羊稍长。母羊角短小，向上斜伸，呈倒八字形，颈稍细长，颈肩结合良好，胸部狭窄，后躯发达，十字部高于髫甲，体躯稍呈楔形，乳房发育良好（图241、图242）。

图241　湘东黑山羊公羊　　　　　　　　图242　湘东黑山羊母羊

（2）体重和体尺。湘东黑山羊成年羊体重和体尺见表170。

表170　湘东黑山羊成年羊体重和体尺

性别	数量（只）	体重（kg）	体高（cm）	体长（cm）	胸围（cm）	胸宽（cm）	胸深（cm）
公	20	37.1 ± 3.3	64.9 ± 1.8	71.6 ± 2.4	76.7 ± 2.4	27.7 ± 2.5	35.4 ± 1.4
母	80	28.8 ± 3.3	59.7 ± 2.6	65.8 ± 3.5	71.0 ± 4.3	27.0 ± 1.4	34.1 ± 1.5

（3）繁殖性能。湘东黑山羊公、母羊均3月龄性成熟。初配年龄，公羊6～8月龄，母羊4～5月龄。母羊四季发情，但发情多数集中在春、秋两季，发情周期16～21d，妊娠期平均147d。1年产2胎，且多产双羔，平均产羔率380%。初生重，公羔（1.8 ± 0.4）kg，母羔（1.8 ± 0.3）kg。

（4）产肉性能。湘东黑山羊周岁羊屠宰性能见表171。湘东黑山羊肌肉主要化学成分见表172。

表171　湘东黑山羊周岁羊屠宰性能

性别	宰前活重（kg）	胴体重（kg）	屠宰率（%）	净肉率（%）	肉骨比
公	20.2 ± 1.9	9.1 ± 1.1	45.0 ± 1.6	35.0 ± 1.1	3.5：1
母	16.9 ± 1.5	7.4 ± 0.8	43.8 ± 1.3	34.1 ± 0.9	3.5：1

表172　湘东黑山羊肌肉主要化学成分（%）

性别	水分	干物质	粗蛋白质	粗脂肪	粗灰分
公	76.33 ± 0.31	23.67 ± 0.31	19.62 ± 1.58	2.98 ± 0.19	1.07 ± 0.08
母	77.01 ± 0.21	22.99 ± 0.21	18.54 ± 0.33	3.40 ± 0.38	1.05 ± 0.15

（5）板皮质量。湘东黑山羊皮张幅大，质地柔软，纤维细致，拉力强，弹性好，热性强，分层度高，制成革手感丰满、柔软，是制革的优质原料。

115. 雷州山羊

雷州山羊又称徐闻山羊和东山羊，属于以产肉为主的山羊地方品种。雷州山羊原产于广东省的徐闻县，分布于雷州半岛及海南省的10多个县（市）。

由于缺乏系统的选育，近亲繁殖现象严重，体重下降明显。

（1）外貌特征。雷州山羊被毛多为黑色，富有光泽，少部分为麻色及褐色。麻色羊除被毛为黄色外，背线、尾及四肢前端均为黑色或黑黄色，也有的羊面部有黑白相向的纵条纹，或腹部与四肢后部呈白色。全身被毛短密，但腹、背、尾的毛较长。公羊头大、额凸，耳大直立，角大而长，向上后方两侧伸展，颌下有须，颈粗，体躯前高后低，腹小身短。母羊面部清秀，头小，耳小直立，角细长，颈细长，体躯前低后高，腹大而深。尾短瘦。体型可分为高脚型和矮脚型，前者体格较高大，腹小，乳房不发达，多产单羔；后者体格较矮，骨骼较细，腹部膨大，乳房发育良好，多产双羔（图243、图244）。

图243 雷州山羊公羊

图244 雷州山羊母羊

（2）体重和体尺。雷州山羊成年羊体重和体尺见表173。

表173 雷州山羊成年羊体重和体尺

性别	数量（只）	体重（kg）	体高（cm）	体长（cm）	胸围（cm）	胸宽（cm）	胸深（cm）
公	27	42.3 ± 5.9	56.0 ± 3.6	63.2 ± 4.3	81.0 ± 5.3	19.2 ± 3.9	30.5 ± 1.9
母	95	33.4 ± 6.7	54.9 ± 4.0	62.5 ± 3.9	71.7 ± 6.0	19.5 ± 1.9	26.9 ± 2.4

（3）繁殖性能。雷州山羊性成熟年龄，公羊5～6月龄，母羊4月龄。初配年龄，公羊18月龄，母羊11～12月龄。母羊全年均可发情，但以春、秋两季发情较为集中。发情周期16～21d，发情持续期24～48h，妊娠期平均146.4d。多数母羊1年2产，少数2年3产，平均产羔率177.3%，最高1胎可产5只。平均初生重，公羔1.9kg，母羔1.7kg；3月龄平均断奶重，公羔10.9kg，母羔9.4kg。羔羊平均断奶成活率98%。

（4）产肉性能。雷州山羊周岁羊屠宰性能见表174。

表174 雷州山羊周岁羊屠宰性能

性别	宰前活重（kg）	胴体重（kg）	屠宰率（%）	净肉率（%）	肉骨比
公	22.5 ± 3.0	11.6 ± 2.0	51.6 ± 4.5	39.6 ± 2.5	3.3：1
母	20.5 ± 4.3	9.7 ± 2.3	47.3 ± 2.1	35.2 ± 2.9	2.9：1

116. 都安山羊

都安山羊又名马山黑山羊，属肉用型山羊地方品种。

（1）**外貌特征**。都安山羊被毛以纯白色为主，其次是麻色、黑色、杂色。被毛短，种公羊的前胸、沿背线及四肢上部均有长毛。皮肤呈白色。

体质结实，体格较小。头稍重，公、母羊均有须、有角，角向后上方弯曲，呈倒八字形，为暗黑色。额宽平，耳竖立、向前倾，鼻梁平直。躯干近似长方形，胸宽深，肋开张良好，背腰平直，十字部略高于鬐甲部。四肢端正，蹄质坚硬。尾短而上翘（图245、图246）。

图245 都安山羊公羊

（2）**体重和体尺**。都安山羊成年羊体重和体尺见表175。

（3）**繁殖性能**。都安山羊性成熟年龄，公羊6～7月龄，母羊5～6月龄。初配年龄，公羊8～10月龄，母羊7～8月龄。母羊四季发情，以2—5月和8—10月发情居多；发情周期19～22d，发情持续期24～48h，妊娠期150～153d；1年产1胎或2年产3胎，平均产羔率115%。平均初生重，公羔1.93kg，母羔1.87kg。羔羊平均断奶成活率94.27%。

图246 都安山羊母羊

表175 都安山羊成年羊体重和体尺

性别	数量（只）	体重（kg）	体高（cm）	体长（cm）	胸围（cm）	胸宽（cm）	胸深（cm）
公	30	41.9±4.4	61.3±4.1	73.9±3.8	81.7±5.2	19.7±1.8	30.6±2.3
母	99	40.6±6.0	58.4±3.9	73.2±5.1	81.3±6.0	19.7±2.5	29.4±2.8

（4）**产肉性能**。经测定，都安山羊背最长肌主要化学成分占比，水分74.46%，干物质25.54%，粗蛋白质19.38%，粗脂肪5.05%，粗灰分1.11%。都安山羊周岁羊屠宰性能见表176。

表176 都安山羊周岁羊屠宰性能

羊别	数量（只）	宰前活重（kg）	胴体重（kg）	屠宰率（%）	净肉重（kg）	净肉率（%）	肉骨比
公羊	4	27.6±4.0	13.7±2.9	49.6±5.9	10.4±2.2	37.5±5.4	3.1：1
母羊	10	25.6±3.6	11.6±1.8	45.3±3.5	8.5±1.9	33.1±2.4	2.7：1
羯羊	6	30.3±7.1	15.7±4.5	51.8±3.3	12.0±2.9	39.5±2.0	3.2：1

注：2006年11月在都安县和马山县测定。

（5）**板皮品质**。都安山羊皮板板质均匀、薄而轻韧、弹性好、纤维细致，是高级制革原料及出口物资。

117. 隆林山羊

隆林山羊属于以产肉为主的山羊地方品种。

(1) 外貌特征。隆林山羊被毛以白色为主，其次为黑白花色、黑色、褐色、杂色等，腹侧下部和四肢上部的被毛粗长。体质结实，结构匀称。公羊鼻梁稍隆起，母羊鼻梁平直。耳直立、大小适中。公、母羊均有角、有须，角向上向后外呈半螺旋状弯曲，有暗黑色和石膏色两种。颈粗细适中，少数羊的颈下有肉垂。胸宽深，腰背平直，后躯比前躯略高，体躯近似长方形。四肢粗壮。尾短小、直立（图247、图248）。

图247　隆林山羊公羊　　　　　　　　图248　隆林山羊母羊

(2) 体重和体尺。隆林山羊成年羊体重和体尺见表177。

表177　隆林山羊成年羊体重和体尺

性别	数量（只）	体重（kg）	体高（cm）	体长（cm）	胸围（cm）	胸宽（cm）	胸深（cm）
公	31	42.5 ± 7.9	65.1 ± 4.6	70.4 ± 5.9	81.9 ± 6.9	18.7 ± 1.9	32.1 ± 2.8
母	166	33.7 ± 5.1	58.5 ± 3.5	64.3 ± 3.8	74.8 ± 4.5	16.4 ± 1.2	18.1 ± 1.7

注：2005年12月在隆林各族自治县德峨、蛇场等乡镇测定。

(3) 繁殖性能。隆林山羊公、母羊均4～5月龄性成熟。初配年龄，公羊8～10月龄，母羊7～9月龄。母羊发情多集中在夏、秋季，发情周期19～21d，发情持续期48～72h，妊娠期平均150d。年平均产羔1.7胎，平均产羔率195.2%。公、母羔羊平均初生重2.1kg，3月龄平均断奶重14.7kg。

(4) 产肉性能。隆林山羊成年羊屠宰后，胴体脂肪分布均匀，肌肉丰满，肉质嫩而味美，肌纤维细致。肌肉化学成分占比，水分75.12%，干物质24.88%，粗蛋白质20.61%，粗脂肪3.12%，粗灰分0.98%。

隆林山羊周岁羊屠宰性能见表178。

表178　隆林山羊周岁羊屠宰性能

羊别	数量（只）	宰前活重（kg）	胴体重（kg）	屠宰率（%）	净肉重（kg）	净肉率（%）	肉骨比
公羊	11	40.9 ± 12	19.6 ± 6.4	47.9 ± 3.4	15.0 ± 2.0	36.8 ± 4.4	3.3 : 1
母羊	9	37.4 ± 7.5	16.7 ± 3.9	44.7 ± 4.5	13.4 ± 3.6	35.9 ± 3.8	4.1 : 1
羯羊	3	38.5	17.7	46.0	13.6	35.3	3.3 : 1

注：2005—2007年在隆林各族自治县德峨乡和扶绥县广西种羊场测定。

118. 渝东黑山羊

渝东黑山羊原名涪陵黑山羊，俗称铁石山羊，属肉皮兼用山羊地方遗传资源。

（1）外貌特征。渝东黑山羊全身被毛为黑色，富有光泽。成年公羊被毛较粗长，母羊被毛较短，部分山羊被毛内层有稀而短的绒毛。少数羊尾尖有白毛。

体质结实，结构紧凑，体型中等、匀称。头呈三角形，前额、鼻梁微凸，两耳对称、向外伸展、微下垂。公、母羊大多数有角，多为刀状角和对旋角。颈粗壮，少数有肉垂。肋骨开张较良好，躯干紧凑，背腰平直，后躯高于前躯，整个躯体呈楔形，臀部稍倾斜。四肢粗短，肌肉发达，蹄质坚实（图249、图250）。

（2）体重和体尺。渝东黑山羊成年羊体重和体尺见表179。

（3）繁殖性能。渝东黑山羊公羊5～7月龄、母羊4～6月龄性成熟，多数母羊在6月龄左右即配种受孕。母羊一年四季均可发情，但多集中在春、秋两季。发情周期18～21d，发情持续期43～72h，妊娠期148～152d。平均产羔率155.2%。平均初生重，公羔1.62kg，母羔1.48kg。羔羊平均断奶成活率97.27%。

图249　渝东黑山羊公羊

图250　渝东黑山羊母羊

表179　渝东黑山羊成年羊体重和体尺

性别	数量（只）	体重（kg）	体高（cm）	体长（cm）	胸围（cm）	胸宽（cm）	胸深（cm）
公	21	39.51 ± 8.31	61.10 ± 5.29	68.14 ± 5.86	77.86 ± 6.31	16.76 ± 2.61	27.57 ± 3.20
母	89	34.31 ± 6.41	57.53 ± 2.66	63.12 ± 6.11	72.50 ± 4.13	16.05 ± 5.48	24.47 ± 2.12

（4）产肉性能。渝东黑山羊屠宰性能见表180。渝东黑山羊肌肉主要化学成分见表181。

表180　渝东黑山羊屠宰性能

性别	数量（只）	宰前活重（kg）	屠宰率（%）	净肉率（%）	肉骨比
公	15	35.71 ± 10.23	45.51 ± 6.67	38.80 ± 1.42	5.3 : 1
母	15	28.37 ± 6.95	45.39 ± 5.93	34.93 ± 5.00	3.45 : 1

表181　渝东黑山羊肌肉主要化学成分

性别	数量（只）	水分（%）	干物质（%）	粗蛋白质（%）	粗脂肪（%）	粗灰分（%）
公	6	75.11 ± 1.28	24.89 ± 0.37	20.27+1.15	3.57 ± 0.25	1.05 ± 0.04
母	6	74.2 ± 2.16	25.77 ± 2.2	21.04 ± 1.27	3.63 ± 0.57	1.10 ± 0.06

（5）板皮品质。渝东黑山羊皮板板面平整，厚度均匀，质地优良，致密度高，富有弹性，延伸度大，扩张力强。

119. 大足黑山羊

大足黑山羊属以产肉为主的山羊地方品种。

（1）外貌特征。大足黑山羊全身被毛纯黑发亮，毛短、紧贴皮肤，皮肤为白色。体型较大，骨骼较细、结实，肌肉较丰满。各部位结合紧凑，体躯基本呈矩形。头清秀、大小适中，额平；多数羊有须、有角，角大而粗壮、光滑，向侧后上方伸展，呈倒八字形。耳细长，向前外侧方伸展。颈部细长，少数有肉垂。胸深宽，肋骨拱张，背腰平直，结构匀称，尻斜（图251、图252）。

图251　大足黑山羊公羊　　　　　图252　大足黑山羊母羊

（2）体重和体尺。大足黑山羊成年羊体重和体尺见表182。

表182　大足黑山羊成年羊体重和体尺

性别	数量（只）	体重（kg）	体高（cm）	体长（cm）	胸围（cm）
公	62	59.50 ± 5.80	72.01 ± 2.14	81.25 ± 2.15	96.56 ± 1.96
母	265	40.20 ± 3.60	60.04 ± 3.89	70.21 ± 1.85	84.35 ± 4.38

（3）繁殖性能。大足黑山羊性成熟年龄，公羊4～5月龄，母羊3～4月龄。多数母羊在6月龄左右即配种受孕。母羊常年发情，但多数集中在秋季，以本交为主。发情周期（19 ± 0.79）d，妊娠期147～150d。初产母羊平均产羔率193%，羔羊平均断奶成活率90%；经产母羊平均产羔率252%，羔羊平均断奶成活率95%。

（4）产肉性能。大足黑山羊屠宰性能见表183。

表183　大足黑山羊屠宰性能

性别	数量（只）	宰前活重（kg）	屠宰率（%）	净肉率（%）	肉骨比
公	15	35.10 ± 2.87	44.93 ± 2.28	34.24 ± 1.84	3.25 : 1
母	15	24.04 ± 2.12	44.72 ± 1.24	33.18 ± 1.42	3.12 : 1

在屠宰羊中，随机选择公、母羊6只，进行肌肉主要化学成分测定，结果见表184。

表184　大足黑山羊肌肉主要化学成分

性别	数量（只）	水分（%）	干物质（%）	粗蛋白质（%）	粗脂肪（%）	粗灰分（%）
公	6	73.72 ± 0.81	26.28 ± 0.81	20.70+1.40	4.54 ± 0.31	1.04 ± 0.05
母	6	71.30 ± 2.20	28.70 ± 2.20	22.73 ± 1.20	5.02 ± 0.68	0.95 ± 0.02

120. 酉州乌羊

酉州乌羊俗称药羊，属于肉皮兼用型山羊地方品种。

（1）外貌特征。酉州乌羊全身皮肤为乌色，眼、鼻、嘴、角、肛门、阴门等处可视黏膜为乌色。多数羊全身被毛为白色，背脊有一条黑色脊线，两眼线为黑色，部分四肢下部为黑色；少数羊为黑色或麻色被毛。体格较小，体躯呈楔形，两耳向上直立（图253、图254）。

图253　酉州乌羊公羊　　　　　　　　图254　酉州乌羊母羊

（2）体重和体尺。酉州乌羊成年羊体重和体尺见表185。

（3）繁殖性能。酉州乌羊公、母羊均6月龄性成熟，公羊8月龄开始配种利用，母羊6月龄开始发情配种。母羊常年发情，但多集中在春秋两季发情配种，发情周期20～21d，发情持续期48～60h，妊娠期146～150d，1年产2胎，经产母羊平均双羔率84.4%、单羔率15.6%。平均初生重，公羔2.1kg，母羔1.8kg；2月龄平均断奶重，公羔9.8kg，母羔9.5kg。羔羊平均断奶成活率86%。

表185　酉州乌羊成年羊体重和体尺

性别	数量（只）	体重（kg）	体高（cm）	体长（cm）	胸围（cm）
公	23	31.03 ± 9.49	55.02 ± 6.68	61.22 ± 8.11	69.80 ± 7.62
母	79	27.86 ± 4.58	51.38 ± 4.67	56.73 ± 5.43	67.15 ± 5.71

（4）产肉性能。酉州乌羊屠宰性能见表186。酉州乌羊肌肉主要化学成分见表187。

表186　酉州乌羊屠宰性能

性别	数量（只）	宰前活重（kg）	屠宰率（%）	净肉率（%）	肉骨比
公	15	24.91 ± 2.99	43.32 ± 2.61	29.83 ± 1.98	2.68：1
母	15	20.01 ± 2.57	43.24 ± 1.96	29.82 ± 2.19	2.69：1

表187　酉州乌羊肌肉主要化学成分

性别	数量（只）	水分（%）	干物质（%）	粗蛋白质（%）	粗脂肪（%）	粗灰分（%）
公	6	74.77 ± 2.24	25.23 ± 2.18	20.58+0.49	3.51 ± 0.14	1.14 ± 0.02
母	6	73.95 ± 0.99	26.05 ± 0.98	21.28 ± 0.53	3.68 ± 0.10	1.09 ± 0.04

（5）板皮质量。据2006年西南大学荣昌校区测定：板皮厚度（1.01 ± 0.56）mm，拉伸负荷（212.86 ± 45.36）N，断裂负荷（212.21 ± 56.89）N，断裂应力（55.78 ± 26.56）N，断裂伸长率（39.20+20.12）%。

121. 白玉黑山羊

白玉黑山羊属以产肉为主的山羊地方品种。原产于四川省白玉县的河坡、热加、章都、麻绒、沙马等乡，分布于德格、巴塘等县的干燥河谷地区。白玉黑山羊是四川省甘孜州的古老品种，在高海拔和严酷自然环境条件下能保持较好的生活力，适应性强，但地区间和个体间生产性能差异较大。

（1）外貌特征。白玉黑山羊被毛多为黑色，少数个体头黑、体花。体格小，骨骼较细。头较小、略显狭长，面部清秀，鼻梁平直，耳大小适中、为竖耳。颈较细短。胸较深，背腰平直。四肢长短适中、较粗壮，蹄质坚实（图255、图256）。

图255　白玉黑山羊公羊

图256　白玉黑山羊母羊

（2）体重和体尺。白玉黑山羊体重和体尺见表188。

表188　白玉黑山羊体重和体尺

性别	数量（只）	体重（kg）	体高（cm）	体长（cm）	胸围（cm）
公	10	28.2 ± 4.2	58.6 ± 3.9	61.1 ± 4.2	77.2 ± 5.7
母	12	22.4 ± 4.4	54.4 ± 3.5	55.0 ± 4.8	69.2 ± 4.2

（3）繁殖性能。白玉黑山羊公羊10～12月龄、母羊8～10月龄性成熟。初配年龄，公羊10月龄，母羊8月龄。母羊发情季节为5月，发情周期18～21d，妊娠期平均150d，平均产羔率100.9%。羔羊平均断奶成活率80%。

（4）产肉性能。白玉黑山羊屠宰性能见表189。

表189　白玉黑山羊屠宰性能

羊别	性别	数量（只）	宰前活重（kg）	胴体重（kg）	屠宰率（%）	净肉重（kg）	净肉率（%）
周岁羊	公	5	17.4	8.5	48.9	6.5	37.4
	母	5	13.4	5.5	41.0	3.9	29.2
成年羊	公	5	34.3	16.6	48.4	12.6	36.7
	母	5	26.8	11.6	43.3	9.5	35.4

122. 板角山羊

板角山羊属肉皮兼用山羊地方品种。

（1）外貌特征。板角山羊被毛以白色为主，黑色、杂色个体很少。成年公羊被毛粗长，成年母羊被毛较短。体型中等，骨骼粗壮、结实。头中等大，额凸，鼻梁平直，耳大、直立。公、母羊均有角，角宽而略扁，向后弯曲扭转。颈长短适中。体躯呈椭圆筒形，背腰较平直，尻略斜。公羊前躯发达，母羊后躯发达。四肢健壮。蹄质坚实，呈淡黄白色或褐色（图257、图258）。

图257　板角山羊公羊

（2）体重和体尺。板角山羊的体格大小因产地不同而有差异，以万源、城口和武隆所产体格较大，巫山县所产体格较小。板角山羊成年羊体重和体尺见表190。

（3）繁殖性能。板角山羊性成熟年龄，公羊5～6月龄，母羊4～5月龄。初配年龄，公羊12月龄，母羊10月龄。母羊发情周期平均21d，发情持续期36～72h，妊娠期平均152.5d；一般2年产3胎，寒冷地区1年产1胎。平均产羔率，初产母羊107.50%，经产母羊196.25%。初生重，公羔2～3kg，母羔2～2.5kg；断奶重，公羔7.5～10kg，母羔7.5～9.5kg。羔羊平均断奶成活率87.90%。

图258　板角山羊母羊

表190　板角山羊成年羊体重和体尺

地区	羊别	性别	数量（只）	体重（kg）	体高（cm）	体长（cm）	胸围（cm）
万源	周岁羊	公	20	39.30±2.10	58.00±3.08	69.25±2.59	75.75±2.46
		母	80	25.56±5.50	52.50±5.00	61.38±7.16	63.26±7.31
	成年羊	公	20	47.30±6.95	63.20±2.93	71.80±5.15	83.20±3.65
		母	80	36.65±8.40	54.19±3.68	67.16±6.05	74.90±6.52
巫山	成年羊	公	39	44.77±7.30	63.99±4.25	69.54±4.95	82.63±4.50
		母	100	34.39±4.59	57.24±5.34	63.00±5.93	74.59±7.38

（4）产肉性能。板角山羊屠宰性能见表191。

表191　板角山羊屠宰性能

地区	羊别	性别	数量（只）	宰前活重（kg）	胴体重（kg）	屠宰率（%）	净肉重（kg）	净肉率（%）
万源	周岁羊	公	15	39.50	19.90	50.38	15.85	40.13
		母	15	24.80	11.95	48.19	7.95	32.06
	成年羊	公	15	48.30	25.30	52.38	19.19	39.73
		母	15	30.60	14.23	46.50	10.20	33.33
重庆	成年羊	公	15	35.92	—	52.63	—	37.46
		母	15	30.05	—	44.68	—	31.48

123. 北川白山羊

北川白山羊属以产肉为主的山羊地方品种。

北川白山羊原产于四川省北川县，中心产区在该县的擂鼓、曲山、陈家坝、漩坪、白坭、禹里、坝底等乡镇，相邻的平武、江油、安县、茂县、松潘等县（市）也有分布。

（1）外貌特征。北川白山羊被毛绝大多数呈白色，黑杂色较少。毛短而粗，成年公羊的头、颈、胸部及四肢外侧被毛较长。体质结实，结构紧凑。头较小，额微凸，鼻梁平直，耳中等大小、直立。多数羊有角，公羊角大、宽而略扁，向后呈倒八字形弯曲；母羊角略细小，向后呈倒八字形弯曲。颈略长、粗壮，少数颈下左右有一对肉垂。体躯呈圆筒状，前胸宽深，肋骨开张较好，腹大而不下垂，背腰平直，尻略斜。四肢较短、粗壮结实。蹄质坚实（图259、图260）。

图259　北川白山羊公羊　　　　　　图260　北川白山羊母羊

（2）体重和体尺。北川白山羊体重和体尺见表192。

表192　北川白山羊体重和体尺

羊别	性别	数量（只）	体重（kg）	体高（cm）	体长（cm）	胸围（cm）
周岁羊	公	40	32.65 ± 4.82	60.20 ± 3.66	63.50 ± 3.85	78.60 ± 4.52
	母	60	24.20 ± 3.40	50.40 ± 3.60	57.18 ± 3.80	70.88 ± 3.80
成年羊	公	160	52.20 ± 8.60	65.00 ± 4.60	74.50 ± 4.20	89.61 ± 4.32
	母	400	40.10 ± 6.76	61.50 ± 3.70	70.40 ± 2.72	80.30 ± 2.98

（3）繁殖性能。北川白山羊初情期，公羊5月龄，母羊4月龄。初配年龄，公羊10月龄，母羊6月龄。母羊发情周期平均21d，发情持续期平均48h，妊娠期平均146d，年产1.78胎。平均产羔率，初产母羊140%，经产母羊210%。羔羊平均断奶成活率90%。

（4）肉用性能。北川白山羊屠宰性能见表193。

表193　北川白山羊屠宰性能

羊别	性别	数量（只）	宰前活重（kg）	胴体重（kg）	屠宰率（%）	净肉重（kg）	净肉率（%）
周岁羊	公	20	32.60	15.20	46.63	13.20	40.50
	母	10	26.00	11.80	45.38	10.29	39.58
成年羊	公	40	47.00	25.10	53.40	19.50	41.49
	母	15	39.30	19.38	49.31	13.26	33.74

124. 成都麻羊

成都麻羊俗名四川铜羊，属肉皮兼用山羊地方品种。

（1）外貌特征。成都麻羊全身被毛短、有光泽，冬季内层着生短而细密的绒毛。体躯被毛呈赤铜色、麻褐色或黑红色。单根纤维的尖端为黑色、中间呈棕红色、基部呈黑灰色。从两角基部中点沿颈脊、背线延伸至尾根有一条纯黑色毛带，沿两侧肩胛经前臂至蹄冠又有一条纯黑色毛带，两条毛带在鬐甲部交叉，构成一明显十字形。公羊的黑色毛带较宽，母羊的较窄，部分羊毛带不明显。从角基部前缘经内眼角沿鼻梁两侧至口角各有一条纺锤形浅黄色毛带，形似"画眉眼"。腹部被毛颜色较浅，呈浅褐色或淡黄色。体质结实，结构匀称。头大小适中，额宽、微突，鼻梁平直，耳为竖耳。公、母羊多有角，呈镰刀状。公羊及多数母羊下颌有毛髯，部分羊颈下有肉须。颈长短适中，背腰宽平，尻部略斜。四肢粗壮，蹄质坚实。公羊前躯发达，体躯呈长方形，体态雄壮，睾丸发育良好。母羊后躯深广，体型较清秀，体躯略呈楔形，乳房发育良好，呈球形或梨形（图261、图262）。

图261　成都麻羊公羊

图262　成都麻羊母羊

（2）体重和体尺。成都麻羊成年羊体重和体尺见表194。

表194　成都麻羊成年羊体重和体尺

羊别	性别	数量（只）	体重（kg）	体高（cm）	体长（cm）	胸围（cm）
周岁羊	公	30	29.14 ± 1.95	60.24 ± 3.51	64.11 ± 2.73	69.19 ± 2.34
	母	30	25.35 ± 1.63	61.67 ± 2.69	64.32 ± 2.57	68.70 ± 2.52
成年羊	公	30	43.31 ± 3.98	68.10 ± 1.88	69.78 ± 2.74	77.42 ± 2.95
	母	30	39.14 ± 6.61	64.66 ± 4.03	70.45 ± 6.31	78.06 ± 6.86

（3）繁殖性能。成都麻羊性成熟年龄，公羊6月龄，母羊3～4月龄。初配年龄，公、母羊均为8月龄。母羊发情周期平均20d，妊娠期平均148d，年产1.7胎；平均产羔率211.81%，初产母羊产羔率141.70%，经产母羊产羔率239.56%。羔羊平均断奶成活率95%。

（4）产肉性能。成都麻羊屠宰性能见表195。

表195　成都麻羊屠宰性能

羊别	性别	数量（只）	宰前活重（kg）	胴体重（kg）	屠宰率（%）	净肉重（kg）	净肉率（%）
周岁羊	公	5	30.50	13.97	45.80	11.09	36.36
	母	6	30.25	12.79	42.28	11.27	37.26
成年羊	公	7	40.28	18.77	46.60	15.50	38.48
	母	6	40.58	19.06	46.97	15.83	39.01

125. 川东白山羊

川东白山羊属肉皮兼用山羊地方品种。

（1）外貌特征。川东白山羊被毛以白色为主，部分为黑色，大部分个体被毛内层长有白色细短的绒毛。公羊被毛粗长，母羊被毛较短。体型较小，体质良好，结构匀称，体格健壮。公、母羊绝大多数有角。头大小适中，额宽平，耳直立，少数羊颈下有肉垂。体躯近似长方形，胸宽深，肋开张，背腰平直。四肢粗壮结实、肌肉丰满。尾短小（图263、图264）。

图263 川东白山羊公羊　　　　　　　　图264 川东白山羊母羊

（2）体重和体尺。川东白山羊成年羊体重和体尺见表196。

表196 川东白山羊成年羊体重和体尺

性别	数量（只）	体重（kg）	体高（cm）	体长（cm）	胸围（cm）
公	20	41.26 ± 6.04	51.37 ± 2.67	60.78 ± 2.64	66.74 ± 3.07
母	90	40.64 ± 3.54	49.17 ± 2.65	53.97 ± 4.12	64.82 ± 4.65

（3）繁殖性能。川东白山羊一般5～6月龄性成熟，多数母羊8月龄即可妊娠。母羊常年发情，发情周期18～22d，妊娠期140～155d。平均产羔率，初产母羊120%，经产母羊180%。平均初生重，公羔1.6kg，母羔1.5kg。羔羊平均断奶成活率98.11%。

（4）产肉性能。川东白山羊周岁羊屠宰性能见表197。川东白山羊肌肉主要化学成分见表198。

表197 川东白山羊周岁羊屠宰性能

性别	数量（只）	宰前活重（kg）	屠宰率（%）	净肉率（%）	肉骨比
公	15	23.35 ± 1.97	49.42 ± 2.39	37.03 ± 2.05	3.24 : 1
母	15	22.57 ± 1.93	49.52 ± 3.02	27.07 ± 2.20	3.15 : 1

表198 川东白山羊肌肉主要化学成分

性别	数量（只）	水分（%）	干物质（%）	粗蛋白质（%）	粗脂肪（%）	粗灰分（%）
公	6	75.86 ± 0.84	24.14 ± 0.83	19.35+0.94	3.67 ± 0.16	1.12 ± 0.10
母	6	74.77 ± 1.58	25.13 ± 1.60	20.50 ± 1.41	3.56 ± 0.07	1.07 ± 0.02

（5）板皮质量。川东白山羊板皮皮层致密、光泽度好、拉力强、面积大，其厚度为（1.155 ± 0.469）mm。

126. 川南黑山羊

川南黑山羊分为自贡型和江安型两类，属肉皮兼用山羊地方品种。

（1）外貌特征。川南黑山羊全身被毛呈黑色、富有光泽。成年羊换毛季节有少量毛纤维末梢呈棕色。成年公羊有毛髯，颈、肩、股部着生蓑衣状长毛，沿背脊有粗黑长毛，自贡型羊部分额部有鬃毛。公羊多有胡须，母羊少有胡须。体质结实，体型中等，结构匀称。多数有角，公羊角粗大，向后下方弯曲，呈镰刀形；母羊角较小，呈八字形。头大小适中，额宽，面平，鼻梁微隆，竖耳。颈长短适中，背腰平直，胸深广，肋骨开张，荐部较宽，尻部较丰满。公羊睾丸对称、大小适中，发育良好；母羊乳房丰满，呈球形（图265、图266）。

图265 川南黑山羊公羊

图266 川南黑山羊母羊

（2）体重和体尺。川南黑山羊体重和体尺见表199。

表199 川南黑山羊体重和体尺

类型	羊别	性别	数量（只）	体重（kg）	体高（cm）	体长（cm）	胸围（cm）
自贡型	周岁羊	公	63	33.53 ± 2.58	61.25 ± 3.02	69.21 ± 2.97	69.90 ± 2.34
		母	63	31.32 ± 3.45	56.43 ± 2.61	58.83 ± 3.12	63.35 ± 2.44
	成年羊	公	60	47.41 ± 2.63	65.03 ± 3.13	72.09 ± 3.30	79.35 ± 2.92
		母	63	44.41 ± 6.18	60.36 ± 2.96	67.22 ± 3.49	76.03 ± 4.83
江安型	周岁羊	公	43	30.31 ± 3.56	56.83 ± 3.24	57.05 ± 3.24	72.39 ± 2.50
		母	82	23.03 ± 2.73	54.66 ± 2.95	57.22 ± 2.65	62.32 ± 2.72
	成年羊	公	20	41.39 ± 3.41	66.39 ± 3.86	67.87 ± 2.95	81.27 ± 3.43
		母	90	32.02 ± 3.28	58.30 ± 3.26	61.10 ± 2.84	68.95 ± 3.47

（3）繁殖性能。川南黑山羊母羊3月龄性成熟。初配年龄，母羊5～6月龄，公羊6～7月龄。母羊发情周期平均20.6d，发情持续期平均46h，妊娠期平均148d，年产1.7胎。母羊平均产羔率190.66%，初产母羊产羔率161.77%，经产母羊产羔率219.55%。羔羊平均断奶成活率90%。自贡型母羊平均产羔率，初产母羊为185.00%，经产母羊为213.39%；江安型母羊平均产羔率，初产母羊为138.54%，经产母羊为225.70%。

127. 川中黑山羊

川中黑山羊分为金堂型和乐至型两类，属以产肉为主的大型山羊地方品种。

（1）外貌特征。川中黑山羊全身被毛为黑色、具有光泽，冬季内层着生短而细密的绒毛。体质结实，体型高大。头中等大，有角或无角。公羊角粗大，向后弯曲并向两侧扭转；母羊角较小，呈镰刀状。耳中等偏大，有垂耳、半垂耳、立耳几种。公羊鼻梁微拱，母羊鼻梁平直。成年公羊颌下有毛须，成年母羊部分颌下有毛须。颈长短适中，背腰宽平。四肢粗壮，蹄质坚实。公羊体态雄壮，前躯发达，睾丸发育良好；母羊后躯发达，乳房较大，呈球形或梨形。乐至型羊部分羊头部有栀子花状白毛。乐至型羊公羊体型比金堂型羊公羊略大，金堂型羊母羊体型略大于乐至型羊母羊（图267、图268）。

图267　川中黑山羊公羊

图268　川中黑山羊母羊

（2）体重和体尺。川中黑山羊体重和体尺见表200。

表200　川中黑山羊体重和体尺

类型	羊别	性别	数量（只）	体重（kg）	体高（cm）	体长（cm）	胸围（cm）
金堂型	周岁羊	公	73	44.31 ± 3.11	65.70 ± 2.07	72.91 ± 2.05	80.60 ± 3.94
		母	87	35.69 ± 2.77	62.19 ± 2.58	66.66 ± 2.61	74.14 ± 3.03
	成年羊	公	63	66.26 ± 3.50	36.35 ± 2.44	87.57 ± 2.56	98.52 ± 4.34
		母	71	49.51 ± 2.89	67.84 ± 2.69	76.31 ± 3.35	84.61 ± 4.02
乐至型	周岁羊	公	78	42.48 ± 4.32	65.22 ± 3.83	72.13 ± 3.19	67.46 ± 3.67
		母	147	35.61 ± 3.84	59.30 ± 3.98	64.31 ± 3.55	71.27 ± 3.81
	成年羊	公	32	71.24 ± 4.75	78.65 ± 4.70	85.25 ± 4.57	96.12 ± 3.5
		母	80	48.41 ± 2.71	68.37 ± 3.27	73.52 ± 3.41	85.63 ± 2.75

（3）繁殖性能。川中黑山羊母羊3月龄性成熟。初配年龄，母羊5～6月龄，公羊8～10月龄。母羊发情周期18～22d，发情持续期24～72h，妊娠期146～153d，年产1.7胎。母羊平均产羔率223.17%，初产母羊产羔率197.63%，经产母羊产羔率248.71%。羔羊平均断奶成活率91%。金堂型羊母羊产羔率，初产母羊189.30%，经产母羊245.42%；乐至型羊母羊平均产羔率，初产母羊205.95%，经产母羊252.00%。

128. 古蔺马羊

古蔺马羊俗称马羊，属肉皮兼用山羊地方品种。

（1）外貌特征。古蔺马羊被毛主要为麻灰色和褐黄色，腹部毛色较体躯浅。公羊被毛较长，在颈、肩、腹侧和四肢下端多为黑灰色的长毛；母羊被毛较短。体格较大，体质结实，体躯近似砖块形。头中等大、形似马头，额微凸，鼻梁平直，两耳向侧前方伸直。面部两侧各有一条白色毛带，俗称狸面。公、母羊大多数无角，均有胡须。颈长短适中，部分个体颈下有肉垂。胸深宽，背平直，腹大而不下垂，尻部略斜。四肢较高，骨骼粗壮，肢势端正（图269、图270）。

图269 古蔺马羊公羊

图270 古蔺马羊母羊

（2）体重和体尺。古蔺马羊体重和体尺见表201。

表201 古蔺马羊体重和体尺

羊别	性别	数量（只）	体重（kg）	体高（cm）	体长（cm）	胸围（cm）
周岁羊	公	20	32.53 ± 2.05	53.20 ± 0.45	54.31 ± 0.65	66.20 ± 0.58
	母	80	28.27 ± 1.85	52.21 ± 2.10	51.12 ± 1.90	59.80 ± 2.21
成年羊	公	20	46.50 ± 2.38	72.00 ± 0.95	72.50 ± 2.05	82.00 ± 1.25
	母	80	38.20 ± 1.48	63.00 ± 0.51	64.00 ± 0.45	76.00 ± 0.51

（3）繁殖性能。古蔺马羊性成熟年龄，公羊5月龄，母羊4月龄。初配年龄，母羊6月龄，公羊7月龄。母羊常年发情，发情周期17～21d，妊娠期141～151d，年产2胎，平均产羔率175%，初产母羊平均产羔率150%，经产母羊平均产羔率200%。羔羊平均断奶成活率97%。

（4）产肉性能。古蔺马羊屠宰性能见表202。

表202 古蔺马羊屠宰性能

羊别	性别	数量（只）	宰前活重（kg）	胴体重（kg）	屠宰率（%）	净肉重（kg）	净肉率（%）
周岁羊	公	15	32.51	14.26	43.86	9.96	30.64
	母	15	28.45	11.38	40.00	7.95	27.94
成年羊	公	15	39.44	19.49	49.42	16.08	40.77
	母	15	30.03	14.42	48.02	11.26	37.50

（5）板皮品质。古蔺马羊皮张面积大、品质较好。平均板皮面积，周岁羊为5 896～7 905cm²，成年羊为8 200～8 990cm²。据调查，特级、甲级皮占43.2%，乙级、丙级皮占36.7%，等外皮占20.1%。

129. 建昌黑山羊

建昌黑山羊属肉皮兼用山羊地方品种。

（1）外貌特征。建昌黑山羊被毛为纯黑色，以短毛居多。体质结实，体格中等。头呈三角形，额宽微凸，鼻梁平直，立耳。公羊角较粗大，略向后外侧扭转；母羊角较小，微向后、上、外方扭转。公、母羊下颌有胡须，少数羊颈下有肉垂。背腰平直，鬐甲部高于十字部。四肢粗壮。蹄质坚实，呈黑色（图271、图272）。

图271　建昌黑山羊公羊　　　　　　　图272　建昌黑山羊母羊

（2）体重和体尺。建昌黑山羊体重和体尺见表203。

表203　建昌黑山羊体重和体尺

羊别	性别	数量（只）	体重（kg）	体高（cm）	体长（cm）	胸围（cm）
周岁羊	公	60	32.27 ± 2.35	63.80 ± 2.57	66.53 ± 3.42	75.30 ± 1.95
	母	60	29.20 ± 1.49	61.53 ± 3.78	64.27 ± 3.39	74.33 ± 2.66
成年羊	公	60	42.20 ± 2.12	65.47 ± 1.94	69.57 ± 3.19	80.05 ± 1.64
	母	60	38.37 ± 6.14	64.12 ± 4.68	67.93 ± 4.68	81.82 ± 5.22

（3）繁殖性能。建昌黑山羊性成熟年龄，公羊7～8月龄，母羊4～5月龄。初配年龄，公羊12月龄，母羊5～6月龄。母羊发情周期（20±3）d，发情持续期（48.75±16.3）h，妊娠期（149±3）d。据对207只母羊4胎的产羔情况统计，平均产羔率156.04%，初产母羊产羔率121.43%，经产母羊产羔率168.87%。羔羊平均断奶成活率95%。

（4）产肉性能。建昌黑山羊屠宰性能见表204。

表204　建昌黑山羊屠宰性能

羊别	性别	数量（只）	宰前活重（kg）	胴体重（kg）	屠宰率（%）	净肉重（kg）	净肉率（%）
周岁羊	公	5	24.14	10.76	44.57	7.62	31.57
	母	5	21.60	9.70	44.91	7.07	32.73
成年羊	公	5	32.40	16.10	49.69	12.40	38.27
	母	5	30.30	13.96	46.23	10.40	34.44

（5）板皮品质。建昌黑山羊皮板面积大、厚薄均匀、富有弹性、拉力好、延长率大，是制革的优质原料。

130. 美姑山羊

美姑山羊俗称美姑巴普山羊或巴普山羊，属以产肉为主的山羊地方品种。美姑山羊原产于四川省美姑县的井叶特西、巴普、农作、九口等15个乡镇。分布于牛牛坝乡、九口乡、洛俄依甘乡等36个乡（镇）。美姑山羊2009年通过国家畜禽遗传资源委员会鉴定。

（1）**外貌特征**。美姑山羊被毛为黑色，多数为全黑色，少数为黑白花，除胸腹部和腿部有少许长毛外，其余均为短毛，极少数羊被毛内层着生少量绒毛。体格较大，体躯结实。公、母羊均有角，向后方呈外八字形，再向两侧扭转。公、母羊均有毛须，少数羊颈下有肉垂。头中等大，额较宽，鼻梁平直，两耳短、侧立。颈部长短适中，颈肩结合良好。背腰平直，尻斜长。四肢粗壮。蹄质结实、蹄冠黑色（图273、图274）。

图273　美姑山羊公羊

图274　美姑山羊母羊

（2）**体重和体尺**。美姑山羊体重和体尺见表205。

表205　美姑山羊体重和体尺

羊别	性别	数量（只）	体重（kg）	体高（cm）	体长（cm）	胸围（cm）
周岁羊	公	20	30.50 ± 4.06	62.73 ± 3.70	65.05 ± 3.72	75.10 ± 3.86
	母	63	27.91 ± 3.62	57.21 ± 3.34	59.74 ± 3.39	69.16 ± 3.96
成年羊	公	25	50.56 ± 4.84	69.56 ± 4.50	73.95 ± 4.78	83.79 ± 4.85
	母	25	41.21 ± 5.12	64.04 ± 3.96	66.74 ± 3.39	74.16 ± 3.96

（3）**繁殖性能**。美姑山羊性成熟年龄，公羊8月龄、母羊6月龄。初配年龄，公羊9月龄，母羊7月龄。母羊发情周期18～22d，发情持续期22～66h，妊娠期147～151d。平均产羔率207.78%。羔羊平均断奶成活率92%。

（4）**肉用性能**。据美姑县2005年测定，美姑山羊周岁公羊（15只）平均宰前活重（31.22 ± 2.53）kg，胴体重（16.02 ± 1.28）kg，屠宰率51.31%，净肉重（12.41 ± 1.03）kg，净肉率39.75%。其肉质细嫩、膻味轻、肉鲜美可口。肌肉中含粗蛋白质21.98%、粗脂肪2.5%、粗灰分1%、水分74.55%。氨基酸中谷氨酸、天门冬氨酸、亮氨酸含量较高，每100g净肉中含胆固醇58mg。

131. 贵州白山羊

贵州白山羊属肉用山羊地方品种。

（1）外貌特征。贵州白山羊被毛以白色为主，少部分为黑色、褐色及麻花色等。部分羊面、鼻、耳部有灰褐色斑点。全身为短粗毛，极少数全身和四肢着生长毛。皮肤为白色。体质结实，结构匀称，体格中等。头大小适中，呈倒三角形，额宽平，公羊额上有卷毛，鼻梁平直，耳大小适中、平伸，颌下有须。多数羊有角，呈褐色，角扁平或半圆，从后上方向外微弯，呈镰刀形。公羊角粗壮，母羊角纤细。公羊颈部短粗，母羊颈部细长，少数母羊颈下有1对肉垂。胸深，肋骨开张，背腰平直，后躯比前躯高，尻斜。四肢端正、粗短。蹄质坚实，蹄色蜡黄。少数母羊有副乳头（图275、图276）。

图275 贵州白山羊公羊　　　　　　　图276 贵州白山羊母羊

（2）体重和体尺。贵州白山羊成年羊体重和体尺见表206。

表206 贵州白山羊成年羊体重和体尺

性别	数量（只）	体重（kg）	体高（cm）	体长（cm）	胸围（cm）	胸宽（cm）	胸深（cm）
公	82	34.15 ± 2.22	57.13 ± 3.07	66.41 ± 3.23	75.5 ± 2.64	18.41 ± 1.31	27.45 ± 1.28
母	78	31.90 ± 2.37	55.40 ± 3.58	66.42 ± 2.96	73.64 ± 2.60	17.19 ± 1.52	26.5 ± 1.60

（3）繁殖性能。公羊性成熟年龄为5月龄，初配年龄为8月龄；母羊性成熟年龄为4月龄，初配年龄为6月龄。母羊全年发情，发情周期19～20d，妊娠期149～152d，平均产羔率212.50%。

（4）产肉性能。贵州白山羊肉质细嫩、美味可口。肌肉中含蛋白质高达20.7%，脂肪2.16%，灰分0.98%。贵州白山羊屠宰性能见表207。

表207 贵州白山羊屠宰性能

羊别	宰前活重（kg）	胴体重（kg）	屠宰率（%）	净肉重（kg）	净肉率（%）
周岁公羊	21.11 ± 3.15	10.78 ± 1.96	51.07 ± 3.35	7.83 ± 1.51	37.09 ± 2.67
成年公羊	33.36 ± 6.68	16.74 ± 3.65	50.18 ± 3.67	12.89 ± 3.11	38.64 ± 3.52

（5）板皮品质。贵州白山羊的板皮质地紧密、细致、拉力强、板幅大，平均板皮面积5 150cm²。板皮上留有头、尾皮，皮形加工方法属于四川路方法，与汉口路、华北路的加工方法有明显区别。

132. 贵州黑山羊

贵州黑山羊属肉用山羊地方品种。

（1）外貌特征。贵州黑山羊被毛以黑色为主，有少量麻色、白色和花色，黑色占60%～70%，麻色占20%，白色及花色占10%。依被毛长短和着生部位的不同，可分为长毛型、半长毛型和短毛型3种，即当地群众俗称的"蓑衣羊""半蓑衣羊"和"滑板羊"。长毛型羊体躯主要部位着生10～15cm长的覆盖毛；半长毛型羊体躯下缘着生长毛；短毛型全身被毛短，紧贴皮肤。

体躯近似长方形，体质结实，结构紧凑，体格中等。头大小适中、略显狭长，额平。鼻梁平直，耳小、平伸，颔下有须。大多数羊有角，呈褐色，角扁平或半圆形，向后、向外扭转延伸，呈镰刀形，少数羊无角（俗称马头羊）。颈细长，部分羊颈下有1对肉垂。胸部狭窄，背腰平直，腹围相对较大，后躯略高，尻斜。四肢略显细长但坚实有力。蹄质结实，蹄壳褐色（图277、图278）。

图277 贵州黑山羊公羊

图278 贵州黑山羊母羊

（2）体重和体尺。贵州黑山羊成年羊体重和体尺见表208。

表208 贵州黑山羊成年羊体重和体尺

性别	数量（只）	体重（kg）	体高（cm）	体长（cm）	胸围（cm）	胸宽（cm）	胸深（cm）
公	22	43.30 ± 12.00	60.19 ± 9.75	60.37 ± 5.36	76.97 ± 11.19	17.43 ± 2.38	29.04 ± 3.68
母	35	35.13 ± 10.06	60.46 ± 5.52	58.95 ± 5.58	77.29 ± 7.60	16.78 ± 2.43	28.77 ± 2.98

（3）繁殖性能。贵州黑山羊公羊性成熟年龄为4.5月龄，初配年龄为7月龄。母羊性成熟年龄为6.5月龄，初配年龄为9月龄。母羊可全年发情，但多数在春、秋两季发情。发情周期20～21d，发情持续期24～48h。妊娠期149～152d，平均产羔率152%。羔羊平均初生重1.49kg，平均断奶重9.15kg。羔羊平均断奶成活率90%。

（4）产肉性能。贵州黑山羊屠宰性能见表209。

表209 贵州黑山羊屠宰性能

年龄（岁）	数量（只）	宰前活重（kg）	胴体重（kg）	屠宰率（%）	净肉重（kg）	净肉率（%）
1～1.5	14	19.39 ± 3.25	8.51 ± 1.51	43.89 ± 2.12	5.99 ± 1.19	30.89 ± 2.16
2.5～5	16	28.91 ± 4.44	12.66 ± 2.30	43.79 ± 3.38	9.10 ± 1.70	31.48 ± 3.07

133. 黔北麻羊

黔北麻羊俗名麻羊，属肉用山羊地方品种。

（1）外貌特征。黔北麻羊被毛为褐色，有浅褐色及深褐色两种，两角基部至鼻端有两条上宽下窄的白色条纹，有黑色背线和黑色颈带，腹毛为草白色。被毛较短。体格较大，体质结实，结构紧凑，骨骼粗壮，肌肉发育丰满。头呈三角形、大小适中，额宽平，鼻梁平直，耳小、向外平伸。公、母羊均有角，呈褐色，角扁平或半圆，向后、外侧微弯，呈倒镰刀形。公羊角粗壮、母羊角细小。颈粗长，少数有1对肉垂。体躯呈长方形，胸宽深，肋骨开张，背腰平直，尻略斜。四肢较高、粗壮。蹄质坚实，蹄色蜡黄（图279、图280）。

图279 黔北麻羊公羊

图280 黔北麻羊母羊

（2）体重和体尺。黔北麻羊体重和体尺见表210。

表210 黔北麻羊体重和体尺

性别	数量（只）	体重（kg）	体高（cm）	体长（cm）	胸围（cm）	胸宽（cm）	胸深（cm）
公	59	41.49 ± 7.28	61.56 ± 3.13	63.85 ± 3.60	79.83 ± 4.50	18.39 ± 2.20	29.67 ± 2.51
母	65	39.83 ± 7.11	59.10 ± 2.88	61.22 ± 3.58	79.12 ± 4.99	18.42 ± 2.25	29.47 ± 2.14

（3）繁殖性能。黔北麻羊4月龄性成熟，8月龄即可配种繁殖。母羊全年发情，发情周期19～21d，发情持续期24～48h，妊娠期150～152d，平均产羔率197.53%。羔羊平均初生重1.71kg，平均断奶重12.5kg。羔羊平均断奶成活率93.21%。

（4）产肉性能。黔北麻羊屠宰性能见表211。

表211 黔北麻羊屠宰性能

性别	数量（只）	年龄（岁）	宰前活重（kg）	胴体重（kg）	屠宰率（%）	净肉重（kg）	净肉率（%）
公	16	1～1.5	31.16 ± 3.62	14.80 ± 2.40	47.50 ± 2.92	11.32 ± 1.96	36.33 ± 2.47
母	10	2～4.5	33.97 ± 3.67	15.74 ± 2.23	46.34 ± 2.66	12.15 ± 1.93	35.77 ± 2.41

注：2006年11月23日由贵州省畜牧技术推广站、贵州大学动物科学学院、遵义市畜禽品种改良站、习水县畜牧局、沿河土家族自治县畜禽品种改良站、沿河土家族自治县山羊实验站共同测定。据贵州大学动物科学学院测定，肌肉中含水分75.45%，干物质24.55%，粗蛋白质20.77%，粗脂肪2.65%，粗灰分1.13%，钙0.02%，磷0.17%。

（5）板皮品质。黔北麻羊板皮质地致密、油性足、厚薄均匀、富有弹性、伤残少，是重要的出口物资之一。平均板皮面积，特级皮0.597 9m²，一级皮0.380 0m²，二级皮0.359 7m²，三级皮0.281 6m²，等外皮0.262 3m²。

134. 凤庆无角黑山羊

凤庆无角黑山羊属肉用山羊地方品种。凤庆无角黑山羊原产于云南省凤庆县，主要分布于该县的勐佑、三叉河、大寺、洛党、诗礼、凤山6个乡镇，在相邻的云县、永德县的乡镇也有分布。

（1）外貌特征。凤庆无角黑山羊被毛以黑色为主。公羊腿部有长毛，母羊多为短毛、后腿有长毛。体格大，结构匀称。额面较宽平，鼻梁平直。两耳平伸。公羊颌下有须。公、母羊均无角，颈部多数有肉髯。颈稍长，胸深宽，背腰平直，体躯略显前低后高，尻略斜。四肢高健。蹄质坚实（图281、图282）。

图281 凤庆无角黑山羊公羊

图282 凤庆无角黑山羊母羊

（2）体重和体尺。凤庆无角黑山羊体重和体尺见表212。

表212 凤庆无角黑山羊体重和体尺

性别	数量（只）	体重（kg）	体高（cm）	体长（cm）	胸围（cm）
公	30	60.00 ± 1.45	74.00 ± 1.34	78.00 ± 0.98	90.00 ± 1.05
母	30	55.00 ± 1.36	72.00 ± 1.20	70.00 ± 0.85	84.00 ± 1.01

（3）繁殖性能。凤庆无角黑山羊母羊4～6月龄性成熟，一年四季均可发情，但多集中于5—6月；发情周期18～21d，妊娠期148～155d，平均产羔率95%，羔羊平均断奶成活率95%。

（4）产肉性能。凤庆无角黑山羊成年羊屠宰性能见表213。其肉质细嫩、膻味小，肌肉中含水分（72.13 ± 3.36）%，干物质（27.87 ± 3.36）%，粗蛋白质（22.24 ± 3.93）%，粗脂肪（4.46 ± 1.27）%，粗灰分（1.17 ± 0.17）%。

表213 凤庆无角黑山羊成年羊屠宰性能

性别	数量（只）	宰前活重（kg）	胴体重（kg）	屠宰率（%）	净肉率（%）	肉骨比
公	10	45 ± 2.47	25 ± 1.55	55.6 ± 1.06	66.1 ± 1.02	1.95∶1
母	10	40 ± 0.34	22 ± 1.23	55.0 ± 1.02	64.3 ± 1.02	1.8∶1

135. 圭山山羊

圭山山羊属乳肉兼用山羊地方品种。

（1）外貌特征。圭山山羊全身毛色多呈黑色，部分羊肩、腹呈黄棕色，或头部为褐色。被毛粗短、富有光泽。皮肤薄，呈黑色，富有弹性。体格中等，体躯丰满、近于长方形。头小，额宽，耳小、不下垂，鼻直。绝大部分羊有角，多向上、向两侧伸展。鬐甲高而稍宽，胸宽而深长，背腰平直。四肢结实。蹄坚实，呈黑色。母羊乳房圆大、紧凑，发育中等（图283、图284）。

图283　圭山山羊公羊

图284　圭山山羊母羊

（2）体重和体尺。圭山山羊体重和体尺见表214。

表214　圭山山羊体重和体尺

性别	体重（kg）	体高（cm）	体长（cm）	胸围（cm）
公	48.16	68.6	76.5	86.9
母	42.56	63.85	71.61	83.12

（3）繁殖性能。圭山山羊公、母羊4月龄有性行为，初配年龄1～1.5岁。母羊发情季节在春、秋两季，发情周期平均17d，妊娠期145～152d，产羔率平均160%。4月龄平均断奶重，公羔12kg，母羔13kg，双羔公羔平均重10.8kg，双羔母羔平均重11.5kg。羔羊平均断奶成活率98%。

（4）产肉性能。圭山山羊屠宰性能见表215。

表215　圭山山羊屠宰性能

羊别	数量（只）	宰前活重（kg）	胴体重（kg）	屠宰率（%）	净肉重（kg）	净肉率（%）	肉骨比
母羊	15	38.66	16.96	43.87	13.57	35.10	4.0：1
羯羊	15	45.34	20.92	46.14	16.97	37.43	4.3：1

注：测定成年母羊、成年羯羊各15只。

（5）产乳性能。圭山山羊母羊一个泌乳期为5～7个月，可产鲜奶150～220kg，盛产期日产鲜奶1.5kg，个别优秀个体日产鲜奶达2kg。对22只圭山山羊乳成分进行测定，乳脂率5.68%，干物质16.02%，乳蛋白质5.08%，乳糖4.55%，水分68.67%。

136. 龙陵黄山羊

龙陵黄山羊俗名龙陵山羊，属以产肉为主的山羊地方品种。

龙陵黄山羊原产于云南省龙陵县，与龙陵接壤的德宏傣族景颇族自治州潞西市的部分地区及腾冲县也有少量分布。

1980年龙陵全县山羊总存栏量3.49万只，其中龙陵黄山羊529只。多年以来，山羊存栏总数逐年增加，龙陵黄山羊在羊群中的比例逐年增大。至2005年年底，龙陵黄山羊存栏量达5.26万只，占山羊存栏总量的90.2%。2008年龙陵黄山羊存栏量达6.49万只。

（1）外貌特征。龙陵黄山羊被毛为黄褐色或褐色，背脊线、额部、尾巴毛多数为黑色。公羊全身着生长毛，额上有黑色长毛，枕后沿脊至尾有黑色背线，肩胛至胸前有一圈黑色项带，与背线相交成十字形（俗称"领褂"），股前、腹壁下缘和四肢下部为黑毛。体格高大，整个体躯略呈圆筒状。头中等大，额短宽。有角（或无角），角向后、向上扭转。公羊颌下有须。胸宽深，背腰平直，体躯较长，后躯发育良好，尻稍斜。四肢相对较短。蹄质坚实（图285、图286）。

图285 龙陵黄山羊公羊

图286 龙陵黄山羊母羊

（2）体重和体尺。龙陵黄山羊体重和体尺见表216。

表216 龙陵黄山羊体重和体尺

性别	数量（只）	体重（kg）	体高（cm）	体长（cm）	胸围（cm）
公	25	48.48 ± 7.31	66.48 ± 4.42	73.72 ± 4.50	86.2 ± 4.41
母	82	41.61 ± 7.20	63.51 ± 2.80	68.31 ± 3.50	84.6 ± 3.39

（3）繁殖性能。龙陵黄山羊性成熟年龄，公羊5～6月龄，母羊10～12月龄，公、母羊初配年龄均为18月龄左右。母羊发情多在5月和10月，发情周期平均17d，发情持续期48～72h，自然交配，妊娠期平均150d，平均产羔率165%，羔羊平均断奶成活率90%。

（4）产肉性能。龙陵黄山羊羯羊屠宰性能见表217。

表217 龙陵黄山羊羯羊屠宰性能

数量（只）	宰前活重（kg）	胴体重（kg）	屠宰率（%）	净肉率（%）	肉骨比
10	28.12 ± 0.74	14.20 ± 1.02	50.50 ± 3.87	39.18 ± 3.95	（3.46 ± 0.32）：1

据云南农业大学云南省动物营养与饲料重点实验室测定，龙陵黄山羊肌肉中含水分（75.05 ± 4.38）%，干物质（24.95 ± 4.39）%，粗蛋白质（19.8 ± 0.20）%，粗脂肪（3.94 ± 1.03）%，粗灰分（1.21 ± 0.27）%。

137. 罗平黄山羊

罗平黄山羊又名长底山羊、鲁布革山羊，属以产肉为主的山羊地方品种。

（1）外貌特征。罗平黄山羊被毛主体为黄色，其中以深黄色为主，有黑色背线和腹线，两角基部至唇角有两条上宽下窄的黑色条纹，头顶、尾尖、四肢下部、耳边缘为黑色。母羊被毛多为短毛，公羊被毛粗而长，额头正中有粗长鬣毛，体侧下部及四肢为粗长毛。体质结实，结构匀称，体格较大。头中等大、窄长，额平而窄，鼻梁平直。耳中等大小，且稍向前、向上外伸。角粗壮，呈黑色，倒八字微旋，公羊角弯曲后倾，母羊角直立稍后倾。颈粗、长短适中，少数颈下有肉垂。体躯为长方形，背平直，胸宽深，肋骨拱起，腹部紧凑。四肢粗壮结实。蹄质坚实，呈黑色（图287、图288）。

图287 罗平黄山羊公羊

图288 罗平黄山羊母羊

（2）体重和体尺。罗平黄山羊成年羊体重和体尺见表218。

表218 罗平黄山羊成年羊体重和体尺

性别	数量（只）	体重（kg）	体高（cm）	体长（cm）	胸围（cm）
公	20	48.31 ± 8.14	64.65 ± 4.13	70.83 ± 4.79	82.75 ± 6.80
母	80	37.36 ± 7.07	60.48 ± 3.68	66.35 ± 4.72	77.23 ± 5.65

（3）繁殖性能。罗平黄山羊公羊6～8月龄、母羊4～6月龄性成熟。初配年龄，公羊12月龄，母羊8～10月龄。母羊常年发情，发情周期19～20d，发情持续期1～2d，妊娠期平均152d，产后10～14d发情。多采取春、秋两季配种，管理较好的1年可产2胎。平均产羔率，初产母羊130%，经产母羊172%。

（4）产肉性能。罗平黄山羊屠宰性能见表219。

表219 罗平黄山羊屠宰性能

羊别	数量（只）	宰前活重（kg）	胴体重（kg）	屠宰率（%）	净肉重（kg）	净肉率（%）
羯羊	10	43.57 ± 10.50	24.04 ± 7.02	55.18 ± 3.69	16.25 ± 4.97	37.30
母羊	10	38.93 ± 4.51	17.27 ± 1.63	44.36 ± 2.28	18.82 ± 2.10	32.93

（5）肌肉品质。罗平县畜禽品种改良站2006年屠宰罗平黄山羊羯羊和母羊共30只，经云南农业大学动物营养与饲料重点实验室检测。罗平黄山羊肌肉主要化学成分见表220。

表220 罗平黄山羊肌肉主要化学成分

羊别	数量（只）	水分（%）	干物质（%）	粗蛋白质（%）	粗脂肪（%）	粗灰分（%）
羯羊	15	71.2 ± 2.78	28.8 ± 2.78	22.89+1.76	4.99 ± 2.99	0.92 ± 0.18
母羊	15	74.64 ± 3.05	25.36 ± 3.05	20.02 ± 2.50	4.11 ± 1.56	1.23 ± 0.06

138. 马关无角山羊

马关无角山羊俗名马羊，属以产肉为主的山羊地方品种。

（1）外貌特征。马关无角山羊被毛多为黑色，麻黄色、黑白花色、褐色、白色个体较少。

体质结实，结构匀称。公、母羊均无角，颈部有鬃。头较短、大小适中，额宽平，母羊前额有V形隆起。颈细长，部分羊颈下有两个肉垂。两耳向前平伸。背平直，后躯发达，臀部丰满。四肢结实，蹄呈黑色（图289、图290）。

图289　马关无角山羊公羊

图290　马关无角山羊母羊

（2）体重和体尺。马关无角山羊成年羊体重和体尺见表221。

表221　马关无角山羊成年羊体重和体尺

性别	数量（只）	体重（kg）	体高（cm）	体长（cm）	胸围（cm）
公	12	47.0 ± 17.1	68.1 ± 7.5	64.3 ± 6.5	86.6 ± 8.0
母	87	37.5 ± 17.5	62.8 ± 6.7	61.6 ± 16.5	79.9 ± 7.6

（3）繁殖性能。马关无角山羊性成熟早，母羊3～4月龄即可发情，公羊6月龄性成熟。母羊春、秋两季发情较为明显，1年产2胎，胎产双羔率平均77.41%，3羔和4羔率3.22%，单羔率平均16.15%，平均每只能繁母羊年产羔3.08只。

（4）产肉性能。马关无角山羊周岁羊屠宰性能见表222。

表222　马关无角山羊周岁羊屠宰性能

性别	数量（只）	宰前活重（kg）	胴体重（kg）	屠宰率（%）	净肉重（kg）	净肉率（%）
公	6	34.78 ± 4.8	19.6 ± 2.4	56.4 ± 1.9	13.4 ± 1.8	38.5
母	24	28.6 ± 6.0	12.8 ± 3.7	44.8 ± 6.2	8.8 ± 2.4	30.8

据云南农业大学动物营养与饲料重点实验室测定，马关无角山羊肌肉中含水分（72.4 ± 0.7）%，干物质（27.6 ± 0.7）%，粗蛋白质（22.7 ± 0.2）%，粗脂肪（3.7 ± 0.5）%，粗灰分（1.2 ± 0.1）%。

139. 弥勒红骨山羊

弥勒红骨山羊属肉乳兼用山羊地方品种。弥勒红骨山羊原产于云南省弥勒县东山镇，相邻的其他乡镇有少量分布。20世纪80年代，在当地羊群中发现红骨山羊，并单独隔离饲养，始终保持自群闭锁繁育，逐步形成性状独特的弥勒红骨山羊资源。弥勒红骨山羊自2006年开展畜禽遗传资源调查以来，广受关注，开展了保种群、保护区的建设工作。2009年通过国家畜禽遗传资源委员会鉴定。

（1）外貌特征。弥勒红骨山羊被毛以红褐色或黄褐色为主，其次为黑色。皮薄而有弹性。体质结实，结构匀称，体型中等，体躯丰满、近于长方形。头小，额稍内凹，呈楔形；眼大有神，耳小直立。牙齿、齿龈呈粉红色。公、母羊均有须、有角，角多呈倒八字形向外螺旋扭转。胸宽深，肋骨开张良好，背腰平直，尻稍斜，腹大充实。四肢骨骼粗壮、结实（图291、图292）。

图291　弥勒红骨山羊公羊

图292　弥勒红骨山羊母羊

（2）体重和体尺。弥勒红骨山羊体重和体尺见表223。

表223　弥勒红骨山羊体重和体尺

性别	数量（只）	体重（kg）	体高（cm）	体长（cm）	胸围（cm）
公	19	37.5 ± 1.6	62.9 ± 5.6	65.2 ± 7.0	79.7 ± 7.9
母	81	30.8 ± 2.2	60.5 ± 5.1	62.8 ± 6.8	75.5 ± 6.0

（3）繁殖性能。弥勒红骨山羊公羊5月龄性成熟，18月龄开始配种；母羊8月龄开始发情，12月龄开始配种。母羊常年发情，秋季较为集中，发情周期18～22d。发情持续期24～48h，妊娠期平均150d。一般1年产1胎，初产母羊平均产羔率90%，经产母羊羔产羔率160%。

（4）产肉性能。弥勒红骨山羊周岁羊屠宰性能见表224。

表224　弥勒红骨山羊周岁羊屠宰性能

性别	数量（只）	宰前活重（kg）	胴体重（kg）	屠宰率（%）	净肉重（kg）	净肉率（%）	肉骨比
公	9	36.6 ± 1.8	13.5 ± 1.8	36.89 ± 5.84	10.57 ± 2.7	28.87 ± 6.0	3.6 : 1
母	11	28.7 ± 1.4	14.0 ± 1.8	48.78 ± 6.9	10.96 ± 2.3	38.18 ± 5.1	3.6 : 1

140. 宁蒗黑头山羊

宁蒗黑头山羊属以产肉为主的地方山羊品种。

（1）外貌特征。宁蒗黑头山羊被毛头颈至肩胛前缘为黑色（部分面部有白色楔形花纹），前肢至肘关节以下，后肢至膝关节以下为黑色短毛，部分公羊睾丸、母羊乳房为黑色，体躯、尾为白色。颌下有长须。被毛有长毛和短毛两种类型，长毛型前肢长毛着生至肘关节，后肢长毛着生至膝关节。体格较大，体躯近长方形，后躯稍高，肌肉丰满。头大小适中，为楔形，额平宽，鼻梁平直，耳大、灵活。多数有角，角向外扭转1～2道呈八字形或向后呈梳子状。公羊颈粗短，母羊颈稍长。胸宽深，背腰宽平，肋骨开张良好。四肢粗壮结实，系部、蹄部质地坚实。尾短、上翘（图293、图294）。

图293 宁蒗黑头山羊公羊

图294 宁蒗黑头山羊母羊

（2）体重和体尺。宁蒗黑头山羊成年羊体重和体尺见表225。

表225 宁蒗黑头山羊成年羊体重和体尺

性别	数量（只）	体重（kg）	体高（cm）	体长（cm）	胸围（cm）
公	20	41.8 ± 4.2	64.9 ± 7.6	72.2 ± 7.2	81.2 ± 7.2
母	80	37.5 ± 4.1	59.8 ± 4.3	66.7 ± 6.4	73.8 ± 6.0

（3）繁殖性能。宁蒗黑头山羊公羊6～7月龄性成熟，12月龄开始配种。母羊全年发情，但发情多集中于春、秋两季。发情周期20～22d，发情持续期48～72h。妊娠期平均150d。1年产1胎，平均双羔率31.20%。羔羊平均初生重，公羔2.49kg，母羔2.25kg；4月龄断奶重，公羔（16.35±2.40）kg，母羔（14.27±1.80）kg。羔羊平均断奶成活率84.40%。

（4）产肉性能。宁蒗黑头山羊屠宰性能见表226。

表226 宁蒗黑头山羊屠宰性能

性别	数量（只）	宰前活重（kg）	胴体重（kg）	屠宰率（%）	净肉率（%）	肉骨比
公	15	30.6 ± 2.5	14.6 ± 2.0	47.71 ± 3.0	37.11 ± 2.8	3.5：1
母	15	28.3 ± 2.9	12.6 ± 1.3	44.52 ± 0.5	33.39 ± 2.3	3.0：1

（5）板皮品质。宁蒗黑头山羊板皮平均厚度2.65mm，被毛致密，皮张宽厚、美观，一直是当地群众加工皮衣及皮革制品的最佳原料。

141. 云岭山羊

云岭山羊又名云岭黑山羊，属肉皮兼用山羊地方品种。

（1）外貌特征。云岭山羊被毛粗而有光泽，毛色以黑色为主，全身黑色占81.6%。体躯近似长方形，结构匀称，体格中等。头大小适中，呈楔形，额稍凸，鼻梁平直，耳中等大小、直立。部分羊有须。公、母羊均有角，呈倒八字形，稍弯曲，向后、向外伸展。公羊角粗大，母羊角稍细。部分羊颈下有肉垂。背腰平直，肋微拱，腹大，尻略斜。四肢粗短结实，蹄质结实呈黑色（图295、图296）。

图295 云岭山羊公羊

图296 云岭山羊母羊

（2）体重和体尺。云岭山羊体重和体尺见表227。

表227 云岭山羊体重和体尺

羊别	性别	数量（只）	体重（kg）	体高（cm）	体长（cm）	胸围（cm）
周岁羊	公	14	31.4 ± 4.2	56.4 ± 5.5	60.5 ± 4.5	80.5 ± 4.6
	母	4	24.4 ± 5.3	51.8 ± 4.5	58.8 ± 3.9	73.8 ± 3.3
成年羊	公	21	34.7 ± 6.2	61.1 ± 3.5	64.6 ± 3.8	81.3 ± 5.4
	母	98	31.6 ± 4.6	56.1 ± 3.6	60.1 ± 4.0	75.9 ± 5.8

（3）繁殖性能。云岭山羊一般公羊6～7月龄、母羊4月龄性成熟，公、母羊均10～12月龄开始初配。高海拔地区羊性成熟稍晚，平坝、低河谷地区羊性成熟相对较早。母羊多为春秋季发情，发情周期平均20d，发情持续期24～48h，妊娠期145～155d，平均产羔率115%，一般1年产1胎或2年产3胎。在平坝和低河谷地区牧草丰盛的地方，双羔比例相对较高。羔羊平均断奶成活率90%。羔羊初生重1.8～2.2kg，4月龄断奶重6～8kg。

（4）产肉性能。云岭山羊屠宰性能见表228。

表228 云岭山羊屠宰性能

性别	数量（只）	宰前活重（kg）	胴体重（kg）	屠宰率（%）	净肉重（kg）	净肉率（%）
母	8	30.5	14.2	46.56	10.2	33.44
羯	4	24.4	10.6	43.44	7.3	29.92

（5）板皮品质。据对云岭山羊公、母羊各15只的皮板测定：公羊平均皮重1.89kg，平均皮厚2.2mm，皮张平均面积5 063.6cm^2；母羊平均皮重1.65kg，平均皮厚2.2mm，皮张平均面积4 611.3cm^2。

142. 昭通山羊

昭通山羊属肉皮兼用山羊地方品种。

昭通山羊原产于云南省昭通市，分布于其所辖的永善、巧家、彝良、昭阳、大关、镇雄、鲁甸、绥江和盐津等县。

1986年昭通山羊存栏量18.32万只，1989年存栏量24.49万只。随后，受封山育林禁牧的影响，几经消长，2005年存栏量36.17万只，出栏率逐年提高，且体格有所增大。

（1）外貌特征。昭通山羊被毛颜色主要有黑色、褐色（黄褐色）、黑白花，约各占25%；其他为黄白花、草灰色及一些杂花色，偶有少数青毛。褐色和黄色山羊多数自枕部至尾根沿脊柱有深色背线，部分黑色山羊额头至鼻梁有浅色条带。被毛有长毛和短毛，长毛中又有全身长毛与体躯长毛之分。体型中等，结构匀称，外形清秀。头中等大，鼻梁平直，耳小直立。大部分羊有角，角细而长，呈倒八字形或螺旋形。公羊有须。颈长短适中，多数颈下有两个对称肉垂。髻甲稍高，肋骨微拱，背腰平直，尻稍斜。四肢端正，腿高结实。蹄质坚硬、结实，多为黑黄两色（图297、图298）。

图297 昭通山羊公羊

图298 昭通山羊母羊

（2）体重和体尺。昭通山羊成年羊体重和体尺见表229。

表229 昭通山羊成年羊体重和体尺

性别	数量（只）	体重（kg）	体高（cm）	体长（cm）	胸围（cm）
公	34	40.1 ± 5.9	61.9 ± 3.6	68.1 ± 3.6	81.5 ± 4.0
母	134	40.1 ± 5.1	59.9 ± 3.6	67.4 ± 3.4	80.0 ± 4.2

（3）繁殖性能。昭通山羊一般5～6月龄性成熟。母羊发情周期17～20d，发情持续期24～48h，产后3个月发情；妊娠期145～155d，多数年产1胎，双羔较多，平均产羔率170%以上。羔羊平均断奶成活率95%。

（4）产肉性能。昭通山羊屠宰性能见表230。

表230 昭通山羊屠宰性能

性别	数量（只）	宰前活重（kg）	胴体重（kg）	屠宰率（%）	净肉重（kg）	净肉率（%）	肉骨比
公	15	28.3 ± 13.0	14.7 ± 3.48	51.9 ± 5.2	11.9 ± 7.3	42.0 ± 5.5	4.2 : 1
母	15	25.8 ± 7.9	12.1 ± 1.6	46.9 ± 4.8	9.6 ± 2.9	37.1 ± 5.4	3.8 : 1

（5）产毛性能。昭通山羊毛长3cm左右的可用于制作毛笔，制作蓑衣用的毛长8.3～11.6cm，也可捻制绳索，但群众多不习惯剪毛，因此商品量较少。

143. 陕南白山羊

陕南白山羊又名狗头羊、马头羊，属肉皮兼用山羊地方品种。

（1）外貌特征。陕南白山羊按外貌特征可分为无角短毛、无角长毛、有角短毛、有角长毛4个类型。无角短毛型俗称"狗头羊"，是最优类型。被毛洁白，光泽较好，底绒较少。体格较大，结构匀称，骨骼粗壮结实，体质多为细致疏松型。头大小适中、清秀而略宽。有角或无角，角多呈倒八字形。耳小直立，两耳灵活。额微凸，鼻梁平直，公、母羊皆有须。胸宽而深，背腰长而平直，尻短宽而略斜，臀部肌肉丰满，体躯呈长方形。四肢结实，蹄质坚实。尾小、上翘（图299、图300）。

图299　陕南白山羊公羊　　　　　　　图300　陕南白山羊母羊

（2）体重和体尺。陕南白山羊成年羊体重和体尺见表231。

表231　陕南白山羊成年羊体重和体尺

性别	数量（只）	体重（kg）	体高（cm）	体长（cm）	胸围（cm）	胸宽（cm）	胸深（cm）
公	28	39.0 ± 9.2	63 ± 4.7	69.3 ± 7.6	82.1 ± 7.2	17.5 ± 1.6	27.6 ± 2.6
母	85	27.3 ± 5.6	54 ± 5.4	61.7 ± 6.1	70.1 ± 5.7	14.4 ± 1.7	23.9 ± 2.7

（3）繁殖性能。陕南白山羊公羊4～5月龄、母羊3～4月龄性成熟。初配年龄，公羊为16～18月龄，母羊为12～14月龄。母羊常年发情，但发情集中在5—10月，发情周期19～21d，发情持续期45～58h，妊娠期平均150.5d，平均产羔率230.8%，母羊年产羔平均1.46胎。平均初生重，公羔1.9kg，母羔1.8kg。羔羊平均断奶成活率86.6%。

（4）产肉性能。陕南白山羊成年羊屠宰性能见表232。

表232　陕南白山羊成年羊屠宰性能

性别	数量（只）	宰前活重（kg）	胴体重（kg）	屠宰率（%）	净肉率（%）	腰部肌肉厚度（cm）	眼肌面积（cm²）	肉骨比
公	10	25.7 ± 4.9	13.3 ± 2.9	51.8 ± 4.1	41.8 ± 3.9	4.0 ± 1.4	9.3 ± 0.8	4.2 : 1
母	20	25.5 ± 4.2	12.2 ± 2.2	47.8 ± 2.7	39.4 ± 2.9	2.8 ± 0.8	9.0 ± 1.2	4.7 : 1

（5）皮毛性能。陕南白山羊板皮质地致密、富有弹性、厚薄较均匀、拉力强、幅面大，是优良的制革工业原料；特级、一级板皮各占15%，二级50%，三级和等外各占10%。成年羊平均产毛量，公羊0.32kg，母羊0.28kg，羯羊0.35kg。

144. 子午岭黑山羊

子午岭黑山羊又称陇东黑山羊、陕北黑山羊，属以产紫绒和猾子皮为主的山羊地方品种。

（1）外貌特征。子午岭黑山羊被毛以黑色为主，分内外两层，外层被毛粗长、明亮，略带波浪形弯曲；内层是纤细柔软的紫色绒毛。公、母羊均有角、有须，角分为撇角、拧角和立角，以撇角较多，撇角从角基开始，向上、向后、向外伸展，角体较扁，呈半螺旋状扭曲；拧角从角基向后，上方连续扭曲1～2次或以上；立角自角基直立向上、向后，角体较圆、无扭曲。少数羊颈下有肉垂一对。体格中等，体质紧凑。体躯近似方形，结构匀称，十字部略高于鬐甲部，胸较宽，背腰平直。四肢健壮。蹄质坚实，呈灰黑色（图301、图302）。

图301　子午岭黑山羊公羊　　　　　图302　子午岭黑山羊母羊

（2）体重和体尺。子午岭黑山羊成年羊体重和体尺见表233。

表233　子午岭黑山羊成年羊体重和体尺

性别	数量（只）	体重（kg）	体高（cm）	体长（cm）	胸围（cm）
公	20	34.6 ± 7.5	60.6 ± 5.4	65.8 ± 6.3	78.0 ± 4.2
母	80	24.0 ± 5.5	53.5 ± 4.8	55.4 ± 6.2	67.3 ± 7.2

（3）繁殖性能。子午岭黑山羊公、母羊均6月龄左右性成熟，8月龄配种。母羊发情配种多集中于秋、冬两季，以2—4月产春羔为主，平均产羔率105.0%。

（4）产肉性能。据对30只子午岭黑山羊成年羯羊在放牧条件下进行屠宰测定，平均宰前活重29.5kg，胴体重14.1kg，屠宰率47.8%，净肉率39.3%，肉骨比4.6：1。

（5）产毛、绒性能。子午岭黑山羊成年公羊平均产毛量288g，产绒量313g，成年母羊平均产毛量266g，产绒量152g。公、母羊平均绒毛伸直长度4.8cm，绒毛细度14.05μm，单纤维强度（3.0 ± 0.9）g，伸度（41.5 ± 5.3）%。

（6）毛皮品质。子午岭黑山羊羔羊早产和7日龄内宰剥的羔皮，称为猾子皮。羔皮以黑色为主，光泽明亮、花案美观，为我国传统的西路猾子皮。主要卷曲类型有优良的波浪形卷曲，中等的片状、豆形和鬏形卷曲。1～2月龄羔羊被毛黑而光亮，尖端为半环形或螺旋形卷曲，花穗美观、保暖，属黑紫羔皮。

145. 河西绒山羊

河西绒山羊属绒肉兼用山羊地方品种。

（1）外貌特征。河西绒山羊体格中等，体质结实，近似方形。被毛光亮，多为白色，其余为黑色、青色、棕色和花杂色。被毛分内外两层，外层是粗而略带弯曲的长毛，内层为纤细柔软的绒毛。头大小适中，额宽平，鼻梁直，耳宽短、向前方平伸。公、母羊均生长直立的扁角，有黑色和白色两种，公羊角较粗长，略向外伸展。颈长短适中。胸宽而深，背腰平直。四肢粗壮、较短（图303、图304）。

图303　河西绒山羊公羊　　　　　　　　　　图304　河西绒山羊母羊

（2）体重和体尺。河西绒山羊体重和体尺见表234。

表234　河西绒山羊体重和体尺

羊别	地点	数量（只）	体重（kg）	体高（cm）	体长（cm）	胸围（cm）
公羊	肃北	30	35.24 ± 5.74	64.15 ± 3.44	68.12 ± 5.34	81.20 ± 5.30
	肃南	24	25.24 ± 4.33	59.16 ± 3.44	67.06 ± 6.57	78.14 ± 4.35
母羊	肃北	31	33.24 ± 4.33	62.20 ± 2.85	69.05 ± 5.50	80.25 ± 4.30
	肃南	18	24.20 ± 5.10	52.60 ± 3.44	66.20 ± 3.50	72.50 ± 5.30
羯羊	肃北	26	26.24 ± 4.81	64.50 ± 4.58	72.06 ± 6.54	78.14 ± 4.40
	肃南	24	24.60 ± 5.10	52.20 ± 5.05	66.50 ± 5.20	78.14 ± 4.35

（3）繁殖性能。河西绒山羊5～7月龄性成熟。公羊12月龄即可进行交配。母羊发情周期15～20d，发情持续期24～36h，妊娠期平均150d；羔羊平均断奶成活率85%。

（4）产肉性能。河西绒山羊成年羊屠宰性能见表235。

表235　河西绒山羊成年羊屠宰性能

性别	数量（只）	宰前活重（kg）	胴体重（kg）	屠宰率（%）
公	10	26.35 ± 3.98	12.20 ± 2.51	46.29 ± 5.18
母	10	25.68 ± 3.43	10.66 ± 3.98	41.51 ± 4.55

（5）产绒性能。河西绒山羊被毛分内、外两层，外层为有髓毛，毛长10～25cm，内层绒毛长3～8cm，羊绒细度13.0～19.0μm。据测定，肃北县成年羊平均产绒量，公羊323.5g，母羊279.9g。平均绒毛长度4.6cm，绒毛平均单纤维强度3.6g，绒毛平均伸度43.0%。平均净绒率，成年公羊48.8%，成年母羊46.7%；周岁公羊51.8%，周岁母羊52.8%。

146. 柴达木山羊

柴达木山羊又名青海土种山羊，属以绒用为主的山羊地方品种。

（1）外貌特征。柴达木山羊被毛有黑色、白色、青色、褐色等，以黑色为主；被毛分内、外两层，内层为柔软、纤细的无髓毛，外层为略带弯曲的有髓毛。体格中等，体质结实，结构匀称，体躯呈长方形。头大小适中。公、母羊均有角，公羊角向上、向后伸展，角尖向内；母羊角比公羊角细、短，大多呈弯镰刀状。公、母羊均有须和额毛。背腰平直，胸宽深，肋骨开张良好，十字部比鬐甲部略高。肌肉发育良好。四肢坚实有力。蹄小、质坚硬，呈灰褐色。尾短小（图305、图306）。

图305 柴达木山羊公羊

（2）体重和体尺。柴达木山羊成年羊体重和体尺见表236。

（3）繁殖性能。柴达木山羊4～6月龄性成熟，公、母羊初配年龄均为18～24月龄，一般在7月配种。母羊发情周期12～18d，发情持续期平均50h，妊娠期平均150d，平均产羔率102%。初生重，公羔（1.9±0.3）kg，母羔（1.7±0.4）kg。2月龄平均断奶重，公羔11.1kg，母羔8.1kg。羔羊断奶成活率80%～85%。

图306 柴达木山羊母羊

表236 柴达木山羊成年羊体重和体尺

性别	数量（只）	体重（kg）	体高（cm）	体长（cm）	胸围（cm）
公	10	31.1±6.3	62.6±5.5	64.6±4.6	73.8±6.2
	10	25.4±1.9	54.8±1.9	58.8±2.3	66.3±2.6
母	81	21.1±3.6	54.0±2.6	56.5±2.6	64.3±3.0
	81	23.7±2.6	55.9±2.4	58.6±2.4	65.9±3.0

（4）产肉性能。柴达木山羊屠宰性能见表237。

表237 柴达木山羊屠宰性能

性别	数量（只）	宰前活重（kg）	胴体重（kg）	屠宰率（%）	净肉率（%）	肉骨比
母	15	25.8±2.7	10.5±1.7	40.7±3.7	30.0±3.5	2.8∶1

（5）产绒性能。柴达木山羊产绒性能见表238。

表238 柴达木山羊产绒性能

性别	伸直长度（cm）	细度（μm）	单纤维强度（g）	伸度（%）	产绒量（g）	绒、毛比例
公	8.67±1.73	13.64±1.61	5.28±1.24	30.28±4.91	360±0.07	23∶77
母	7.43±1.65	14.05±1.75	5.35±1.38	30.29±4.62	330±0.11	21∶79

147. 中卫山羊

中卫山羊又名沙毛山羊，属裘皮型山羊地方品种。

（1）外貌特征。中卫山羊被毛颜色分白色、黑色两类，绝大多数为纯白色，黑色个体极少。被毛分内、外两层，外层为粗毛，由有浅波状弯曲的丝样光泽的两型毛和有髓毛组成；内层由柔软、纤细有丝样光泽的无髓毛和微量银样光泽的两型毛组成（图307、图308）。

（2）体重和体尺。中卫山羊成年羊体重和体尺见表239。

（3）繁殖性能。中卫山羊公羊8月龄、母羊5～6月龄性成熟。适配年龄，公羊30月龄，母羊18月龄。母羊为季节性发情，发情周期平均17d，发情持续期1～2d，妊娠期147～153d，平均产羔率103%。平均初生重，公羔2.3kg，母羔2.0kg。

图307　中卫山羊公羊

图308　中卫山羊母羊

表239　中卫山羊成年羊体重和体尺

性别	数量（只）	体重（kg）	体高（cm）	体长（cm）	胸围（cm）
公	48	41.2	65.7	68.0	83.6
母	93	28.2	57.1	61.6	73.7

（4）产肉性能。中山卫羊屠宰性能见表240。

表240　中山卫羊屠宰性能

羊别	年龄	数量（只）	宰前活重（kg）	胴体重（kg）	屠宰率（%）	净肉率（%）	肉骨比
羯羊	周岁	21	26.6	12.5	47.0	35.8	3.2：1
羔羊	37日龄	3	5.8	3.0	51.7	43.5	5.3：1

（5）毛皮品质与产毛绒性能。

①毛皮品质。中卫山羊35日龄左右，以盛产花穗美观、毛股紧实清晰、色白如玉、丝性光泽、轻暖柔软的沙毛皮而驰名中外。沙毛皮有白、黑两种，白色居多，黑色油黑发亮；具有保暖、结实、轻便、美观、穿着不擀毡等特点。沙毛皮花穗清晰，呈波浪形，称为麦穗花。凡弯曲一致、弧度均匀、毛型比例适中者，属优良花穗；弯曲弧度欠佳、弯曲少且呈扭曲状、绒毛过多或过少、散毛较多者，为不良花穗。沙毛皮光泽悦目，可与滩羊二毛皮媲美。但手摸时较滩羊二毛皮粗糙，故有沙毛皮之称。毛股长7～8cm，裘皮平均面积为1 709.3cm^2。冬羔裘皮品质比春羔裘皮好。

②毛绒生产性能。中卫山羊成年公羊平均产毛量330g、产绒量240g，成年母羊平均产毛量250g、产绒量170g。有髓毛自然长度，公羊（23.0±4.0）cm，母羊（20.0±3.5）cm，平均细度50.0μm；公、母羊无髓毛平均自然长度6.6cm，细度14.0μm。平均净绒率56.0%。

148. 牙山黑绒山羊

牙山黑绒山羊，又名"牙山黑""牙山黑山羊"，属绒肉兼用地方山羊品种。

（1）外貌特征。牙山黑绒山羊全身被毛黑色，体格较大，体质健壮，结构匀称，胸宽而深，背腰平直，后躯稍高，体长大于体高，呈长方形。四肢端正，强健有力。蹄质坚实，善于登山。面部清秀，眼大有神，两耳半垂，有前额毛，颌下有须。公、母羊均有角，公羊角粗大，向后两侧弯曲伸展；母羊角向后上方捻曲伸展。尾短上翘（图309、图310）。

图309　牙山黑绒山羊公羊　　　　　　图310　牙山黑绒山羊母羊

（2）体重和体尺。牙山黑绒山羊成年羊体重和体尺见表241。

表241　牙山黑绒山羊成年羊体重和体尺

性别	数量（只）	体重（kg）	体高（cm）	体长（cm）	胸围（cm）	管围（cm）
公	12	48.83 ± 3.61	69.25 ± 3.57	82.49 ± 2.52	89.78 ± 3.47	9.05 ± 0.71
母	45	38.56 ± 2.73	59.79 ± 3.21	70.91 ± 3.76	78.92 ± 3.61	8.12 ± 0.58

（3）繁殖性能。公、母羊5～6月龄性成熟，8月龄后初配。母羊属于季节性多次发情，主要为春秋两季，集中在10月底到12月初，发情周期为18～21d，发情持续期24～48h，妊娠期平均148.27d。平均产羔率110.75%，初产母羊为100%，经产母羊为113.7%。公羔初生重（2.80 ± 0.05）kg，母羔初生重（2.47 ± 0.03）kg。

（4）产肉性能。牙山黑绒山羊屠宰性能见表242。

表242　牙山黑绒山羊屠宰性能

组别	数量（只）	宰前活重（kg）	胴体重（kg）	净肉重（kg）	骨重（kg）	屠宰率（%）	净肉率（%）	肉骨比
成年组	4	138.03 ± 2.81	17.17 ± 1.83	13.48 ± 1.54	3.28 ± 0.38	45.15 ± 1.97	35.45 ± 1.80	4.11：1
羔羊组	4	20.05 ± 1.36	8.85 ± 0.61	6.82 ± 0.64	2.00 ± 0.11	44.14 ± 1.02	34.01 ± 1.12	3.41：1

（5）产绒性能。牙山黑绒山羊成年羊产绒性能见表243。

表243　牙山黑绒山羊成年羊产绒性能

性别	数量（只）	产绒量（g）	绒长度（cm）	绒细度（μm）	净绒率（%）
公羊	25	640.50 ± 24.07	6.48 ± 0.27	16.15 ± 0.26	54.06 ± 3.05
母羊	240	502.63 ± 18.82	6.82 ± 0.15	15.72 ± 0.18	56.25 ± 1.67

149. 威信白山羊

威信白山羊属以产肉为主的山羊地方品种。

（1）**体型外貌**。中等体型，体格清秀，体躯近似长方形，体质结实，结构紧密，肌肉丰满。头中等大小，额平，鼻平直略隆起，脸面直，颌下有长须，公羊尤长。有角的占90%，角向外扭转呈倒八字形；无角的占10%。耳直立，大小适中，少部分下垂。颈部细长，多数无肉垂，公羊颈稍长稍粗。鬐甲高而稍宽，胸部宽深，前胸发达，肋开张拱起，背腰平直，尻部略斜。头、颈、肩、背、腰、尻结合良好，尾基适中。四肢端正细长而结实，关节、肌腱发育良好。蹄部质地坚实。母羊乳房大而紧凑，发育良好。全身被毛多为全白，少量浅黄褐色，毛丛致密。皮肤呈白色，皮中等厚而富弹性（图311、图312）。

图311 威信白山羊公羊

（2）**体尺和体重**。威信白山羊成年羊体重和体尺见表244。

（3）**繁殖性能**。一般5月龄出现性行为。初配年龄，一般为公羊11～12月龄，母羊10～12月龄，母羊3～5岁为配种旺盛期。公羊利用年限一般为3～5年。母羊常年发情，但多秋配春生。发情周期19～22d，发情持续期平均36h，妊娠期146～152d，产后60d可发情配种。平均产羔率180%。羔羊平均初生重，公羔2.5kg，母羔2.3kg。60日龄平均体重，公羔8.78kg，母羔8.50kg。羔羊平均断奶成活率85%。60日龄平均日增重，公羔105g，母羔103g。

图312 威信白山羊母羊

表244 威信白山羊成年羊体重和体尺

性别	数量（只）	项目	体高（cm）	体斜长（cm）	胸围（cm）	胸宽（cm）	胸深（cm）	尾宽（cm）	尾长（cm）	体重（kg）
公	17	平均数	61.32	67.32	79.68	22.74	32.11	3.22	11	43.47
		标准差	±6.13	±4.93	±7.78	±4.63	±2.83	±0.20	±0.87	±8.99
母	13	平均数	56.62	64.7	71.96	19.92	30.77	3.22	10.81	34.42
		标准差	±2.36	±2.05	±4.36	±2.50	±3.37	0.23	±0.84	±4.43

（4）**屠宰性能**。威信白山羊屠宰性能见表245。

表245 威信白山羊屠宰性能

指标	公羊（17只）		母羊（13只）	
	平均数	标准差	平均数	标准差
宰前活重（kg）	43.47	±8.99	34.42	±4.43
胴体重（kg）	21.84	±5.06	16.49	±2.80
净肉重（kg）	15.22	±3.59	11.45	±2.00
屠宰率（%）	50.04	±2.71	47.64	±2.99
净肉率（%）	32.95	±2.43	33.13	±2.17

（二）培育品种

150. 关中奶山羊

关中奶山羊是我国培育的优良乳用山羊品种，由西北农业大学（今西北农林科技大学）和陕西省各基地县畜牧技术部门共同培育。

（1）外貌特征。关中奶山羊体质结实，乳用体型明显。毛短色白，皮肤为粉红色。头长，额宽，眼大，耳长，鼻直，嘴齐。部分羊体躯、唇、鼻及乳房皮肤有大小不等的黑斑。有的羊有角、有额毛、有肉垂。公羊头颈长，胸宽深。母羊背腰长而平直，腹大、不下垂，尻部宽长、倾斜适度；乳房大，多呈方圆形，质地柔软，乳头大小适中。公、母羊四肢结实、肢势端正、蹄质坚实（图313、图314）。

图313　关中奶山羊公羊

（2）体重和体尺。关中奶山羊成年羊体重和体尺见表246。

（3）繁殖性能。关中奶山羊5～8月龄性成熟，公羊8月龄左右、母羊6～9月龄为初配年龄。母羊发情周期平均20d，发情持续期平均30h，妊娠期平均150d，平均产羔率188%。公羔平均初生重3.7kg，1月龄平均断奶重9.5kg，平均日增重200g；母羔平均初生重3.3kg，1月龄平均断奶重8.5kg，平均日增重200g。羔羊平均断奶成活率96.9%。

图314　关中奶山羊母羊

表246　关中奶山羊成年羊体重和体尺

性别	数量（只）	体重（kg）	体高（cm）	体长（cm）	胸围（cm）
公	20	66.5 ± 20.4	87.2 ± 7.8	87.3 ± 8.5	99.0 ± 12.1
母	80	56.4 ± 9.9	75.0 ± 4.3	78.9 ± 5.9	94.2 ± 6.5

（4）产肉性能。关中奶山羊屠宰性能见表247。

表247　关中奶山羊屠宰性能

性别	数量（只）	宰前活重（kg）	屠宰率（%）	净肉率（%）	肉骨比
公	15	34.3	53.3	39.5	4.1 : 1
母	15	34.6	51.6	37.4	3.9 : 1

（5）产奶性能。关中奶山羊年产奶量及鲜奶化学成分见表248。

表248　关中奶山羊年产奶量及鲜奶化学成分

数量（只）	产奶量（kg）	水分（%）	干物质（%）	粗蛋白质（%）	粗脂肪（%）	乳糖（%）	其他（%）
74	684.4	87.2	12.80	3.35	4.12	4.31	0.02

151. 崂山奶山羊

崂山奶山羊属我国培育的优良乳用山羊品种，由青岛市崂山区农牧局、山东农业大学共同培育。崂山奶山羊中心产区位于山东省胶东半岛，主要分布于青岛市、烟台市、威海市和潍坊市、临沂市、枣庄市等部分县（市）。崂山奶山羊的培育始于19世纪末、20世纪初。1927年后又引入萨能奶山羊和吐根堡奶山羊，与当地山羊进行级进杂交，经长期杂交繁育，逐渐育成体型外貌一致、产奶量高的奶山羊品种。

（1）外貌特征。崂山奶山羊体质结实，结构匀称。被毛为纯白色，毛细短。头长，额宽，眼大，嘴齐，耳薄、向前外方伸展。公、母羊大多无角，有肉垂。胸部宽深，肋骨开张，背腰平直，尻稍斜。母羊乳房基部宽广、体积大、发育良好。四肢健壮、端正。蹄质结实。尾短瘦（图315、图316）。

图315 崂山奶山羊公羊

图316 崂山奶山羊母羊

（2）体重和体尺。崂山奶山羊成年羊体重和体尺见表249。

表249 崂山奶山羊成年羊体重和体尺

性别	体重（kg）	体高（cm）	体长（cm）	胸围（cm）
公	76.4 ± 5.5	85.7 ± 7.3	94.6 ± 7.3	106.4 ± 4.1
母	45.2 ± 7.2	70.6 ± 4.5	78.0 ± 5.5	87.7 ± 6.6

（3）繁殖性能。崂山奶山羊性成熟较早。初配年龄，公羊7～8月龄，母羊6～7月龄。母羊9—11月发情，发情周期平均20d，妊娠期平均150d，平均产羔率170%。公、母羔平均初生重3.3kg，1月龄断奶重7.4～9.5kg。

（4）产肉性能。对崂山奶山羊9月龄去势公羊进行育肥试验，宰前活重（52.5±4.0）kg，胴体重（28.6±1.7）kg，屠宰率54.5%，净肉率43.1%，肉骨比3.8∶1。肌肉中干物质含量27.47%，其中含蛋白质20.45%、脂肪5.03%。

（5）产奶性能。据测定，崂山奶山羊平均泌乳期240d；平均产奶量，第1胎（361.7±40.2）kg，第2胎（483.2±42.3）kg，第3胎（613.8±52.3）kg。

152. 南江黄羊

南江黄羊是我国培育的肉用山羊品种。

（1）外貌特征。南江黄羊被毛呈黄褐色，毛短、紧贴皮肤、富有光泽，面部多呈黑色，鼻梁两侧有一条浅黄色条纹。公羊从头顶部至尾根沿背脊有一条宽窄不等的黑色毛带；前胸、颈、肩和四肢上端着生黑而长的粗毛。公、母羊大多数有角，头较大，耳长大，部分羊耳微下垂，颈较粗。体格高大，背腰平直，后躯丰满，体躯近似圆筒形。四肢粗壮（图317、图318）。

图317　南江黄羊公羊

图318　南江黄羊母羊

（2）体重和体尺。南江黄羊体重和体尺见表250。

表250　南江黄羊体重和体尺

性别	年龄	数量（只）	体重（kg）	体长（cm）	体高（cm）	胸围（cm）
公	6月龄	30	27.83 ± 2.53	63.33 ± 2.12	60.75 ± 2.17	69.60 ± 2.56
	周岁	30	37.72 ± 2.04	69.40 ± 2.37	66.40 ± 2.14	77.03 ± 2.56
	成年	30	67.07 ± 4.91	82.65 ± 3.28	76.55 ± 2.78	93.03 ± 2.57
母	6月龄	120	22.84 ± 2.34	58.16 ± 3.38	55.14 ± 2.66	64.89 ± 2.96
	周岁	100	30.75 ± 1.99	64.34 ± 2.35	61.80 ± 2.39	72.91 ± 2.95
	成年	120	45.60 ± 3.69	72.15 ± 3.12	66.05 ± 2.83	82.67 ± 3.14

（3）繁殖性能。南江黄羊母羊常年发情，8月龄时可配种，年产2胎或2年产3胎，双羔率达70%以上，多羔率13%，平均产羔率205.42%。

（4）产肉性能。在放牧条件下，南江黄羊6月龄羊宰前活重（21.55 ± 2.58）kg，胴体重（9.71 ± 4.43）kg，净肉重（7.09 ± 1.21）kg，屠宰率（45.06 ± 1.21）%；12月龄羊宰前活重（30.78 ± 3.22）kg，胴体重（15.04 ± 2.09）kg，净肉重（11.13 ± 1.67）kg，屠宰率（48.86 ± 1.41）%；成年羊宰前活重（50.45 ± 8.38）kg，胴体重（28.18 ± 5.00）kg，净肉重（21.91 ± 4.46）kg，屠宰率（55.86 ± 3.70）%。其羊肉细嫩多汁、膻味轻、口感好。

（5）羊皮品质。南江黄羊皮板致密，坚韧性好，富有弹性，抗张强度高（42.05N/mm^2），延伸率大（16.4%），板皮面积大。周岁羊平均板皮面积6 593cm^2，成年羊8 842cm^2。

153. 陕北白绒山羊

陕北白绒山羊曾用名陕西绒山羊，属绒肉兼用山羊培育品种，由陕西省畜牧兽医总站等单位培育。

(1) 外貌特征。陕北白绒山羊被毛为白色，体格中等。公羊头大、颈粗，腹部紧凑，睾丸发育良好。母羊头轻小，额顶有长毛，颌下有须，面部清秀，眼大有神。公、母羊均有角，角形以撇角、拧角为主。公羊角粗大，呈螺旋式向上、向两侧伸展；母羊角细小，从角基开始，向上、向后、向外伸展，角体较扁。颈宽厚，颈肩结合良好。胸深背直。四肢端正。蹄质坚韧。尾瘦而短，尾尖上翘。母羊乳房发育较好，乳头大小适中（图319、图320）。

图319　陕北白绒山羊公羊　　　　　图320　陕北白绒山羊母羊

(2) 体重和体尺。陕北白绒山羊体重和体尺见表251。

表251　陕北白绒山羊体重和体尺

羊别	性别	1组				2组	
		数量（只）	体高（cm）	体长（cm）	胸围（cm）	数量（只）	体重（kg）
成年羊	公	243	62.3 ± 5.95	68.4 ± 9.89	81.6 ± 8.15	292	41.2 ± 6.20
	母	2 402	56.2 ± 4.22	61.4 ± 5.73	69.8 ± 9.5	4 751	28.67 ± 4.99
周岁羊	公	222	51.45 ± 7.70	56.18 ± 9.80	63.8 ± 7.05	278	26.5 ± 8.63
	母	1 383	51.26 ± 4.89	53.92 ± 5.88	60.97 ± 6.57	1 454	21.2 ± 5.03

(3) 繁殖性能。陕北白绒山羊7～8月龄性成熟，母羊1.5岁、公羊2周岁开始配种。母羊发情周期（17.5 ± 2.7）d，发情持续期23～49h，1年产1胎，少数羊2年产3胎，平均产羔率105.8%。妊娠期（150.8 ± 3.5）d；羔羊平均初生重，公羔2.5kg，母羔2.2kg。

(4) 产肉性能。陕北白绒山羊屠宰性能见表252。

表252　陕北白绒山羊屠宰性能

月龄	数量（只）	宰前活重（kg）	胴体重（kg）	屠宰率（%）	净肉重（kg）	净肉率（%）	肉骨比
18	10	28.55 ± 5.70	11.93 ± 2.80	41.79 ± 3.4	9.36 ± 2.5	32.78 ± 3.4	3.64：1
20	10	31.13 ± 1.11	13.73 ± 0.81	44.11	10.74 ± 0.65	34.5	3.59：1

154. 文登奶山羊

文登奶山羊属奶肉兼用型山羊培育品种，由山东省文登市畜牧兽医技术服务中心、山东农业大学共同培育。文登奶山羊中心产区位于山东省文登市文城镇峰山一带；主要分布于文登市界石、葛家、晒字、小观、泽头、米山、汪疃、文登营、大水泊等镇，以及相邻的荣成、乳山、环翠、牟平等市（区）的部分乡镇。从1979年开始，当地先后5次引入西北农业大学萨能奶山羊58只（公羊30只、母羊28只），与本地山羊开展有计划的杂交改良与系统选育工作。经过多年的杂交选育，形成了遗传性能稳定、乳用特性较好、体格较大、外貌特征较一致、适应性强的文登奶山羊群体。2009年由国家畜禽遗传资源委员会审定为新品种。

（1）外貌特征。文登奶山羊全身被毛为白色、较短。乳用特征明显，体质结实，体格较大。公、母羊无角者较多。公羊有角者显粗壮，呈倒八字形，稍向后弯曲；颈较粗，前胸丰满，四肢健壮。母羊头长、颈长、体长、腿长；角细，呈倒八字形或弯角形，向后弯曲为半月状；多数羊颈下有肉垂；前胸较宽，肋骨开张良好，背腰平直，腹大而不下垂；乳房丰满，呈方圆形，皮薄红润，基部宽广，乳静脉弯曲明显（图321、图322）。

图321　文登奶山羊公羊　　　　　　　　图322　文登奶山羊母羊

（2）体重和体尺。文登奶山羊成年羊体重和体尺见表253。

表253　文登奶山羊成年羊体重和体尺

性别	数量（只）	体重（kg）	体高（cm）	体长（cm）	胸围（cm）
公	15	80.5 ± 6.4	82.6 ± 3.7	99.3 ± 5.5	103.5 ± 5.2
母	113	56.5 ± 4.9	73.4 ± 2.0	87.4 ± 4.1	92.6 ± 3.5

（3）繁殖性能。文登奶山羊性成熟年龄为4～6月龄。初配年龄，母羊7.5月龄、公羊12月龄。母羊发情多在8—12月，发情周期18～21d，发情持续期1～2d，妊娠期平均150d，产羔率185%～203%。

（4）产奶性能。在随机抽测的文登奶山羊293只产奶母羊中，平均泌乳期255d，产奶量833kg。其中，第1胎，泌乳期254d，产奶量为650kg；第2胎，泌乳期254d，产奶量820kg；第3胎以上，泌乳期258d，产奶量901kg。据对10只母羊鲜奶成分测定，含干物质12.6%，其中含粗脂肪4.0%、粗蛋白质3.8%、粗灰分0.7%。

155. 柴达木绒山羊

柴达木绒山羊属绒肉兼用山羊培育品种，由青海省畜牧兽医科学院等单位联合培育。

（1）**外貌特征。**柴达木绒山羊被毛纯白，呈松散的毛股结构。外层有髓毛较长、光泽良好，具有少量浅波状弯曲；内层密生无髓绒毛。体质结实，结构匀称、紧凑，体躯呈长方形。面部清秀，鼻梁微凹。公、母羊均有角，公羊角粗大，向两侧呈螺旋状伸展；母羊角小，向上方呈扭曲伸展。后躯略高。四肢端正、有力，骨骼粗壮、结实，肌肉发育适中。蹄质坚硬，呈白色或淡黄色。尾小而短（图323、图324）。

图323　柴达木绒山羊公羊　　　　　　　　图324　柴达木绒山羊母羊

（2）**体重和体尺。**柴达木绒山羊体重和体尺见表254。

表254　柴达木绒山羊体重和体尺

性别	羊别	数量（只）	体重（kg）	体高（cm）	体长（cm）	胸围（cm）
公	周岁羊	87	19.97 ± 5.39	50.00 ± 4.28	54.20 ± 4.52	65.53 ± 7.27
	成年羊	316	40.16 ± 4.92	60.66 ± 3.95	66.35 ± 5.07	82.93 ± 6.02
母	周岁羊	1 240	16.97 ± 3.49	47.92 ± 3.68	51.86 ± 6.36	61.25 ± 8.50
	成年羊	1 070	29.62 ± 5.42	56.12 ± 3.98	61.42 ± 5.09	75.55 ± 4.84

（3）**繁殖性能。**柴达木绒山羊6月龄性成熟。母羊1.5岁初配，一般在9—11月配种，2—4月产羔。母羊发情周期平均18d，发情持续期24～48h，妊娠期142～153d；成年母羊平均繁殖率105%，羔羊平均断奶成活率85%。

（4）**产肉性能。**在自然放牧条件下，柴达木绒山羊成年羯羊、母羊平均宰前活重分别为37.0kg和28.4kg，胴体重分别为17.33kg、12.69kg，屠宰率分别为46.84%和44.68%；1.5岁羯羊、母羊平均宰前活重分别为20.0kg和17.0kg，胴体重分别为9.63kg和7.7kg，屠宰率分别为48.15%和45.29%。

（5）**产绒性能。**柴达木绒山羊产绒性能见表255。

表255　柴达木绒山羊产绒性能

性别	羊别	数量（只）	绒毛产量（g）	绒层厚度（cm）	绒纤维直径（μm）	净绒率（%）
公	周岁羊	235	530 ± 110	6.09 ± 0.96	14.52 ± 1.60	52.60 ± 6.4
	成年羊	360	540 ± 90	6.08 ± 0.82	14.7 ± 0.99	55.88 ± 7.3
母	周岁羊	335	430 ± 100	5.71 ± 1.01	14.01 ± 0.91	51.65 ± 6.9
	成年羊	530	450 ± 110	5.88 ± 1.10	14.72 ± 0.72	53.76 ± 8.4

156. 雅安奶山羊

雅安奶山羊属奶肉兼用山羊培育品种,由四川农业大学和雅安市西城区畜牧局培育。雅安奶山羊原产于四川省雅安市西城区,主要分布于凤鸣、陇西、姚桥、对岩、北郊、南郊、下里、中里等乡(镇)。1978—1984年雅安市先后13次从陕西、河南等地引进基础母羊4 000多只,后又从西北农业大学羊场引进西农萨能奶山羊公羊进行繁殖扩群。1985年,美国国际小母牛项目总部从英国购进萨能奶山羊78只(其中公羊20只)赠送给雅安,改良原有奶山羊。通过20年选育,形成雅安奶山羊这一优良乳用品种。

(1)外貌特征。雅安奶山羊被毛为白色、粗短、无底绒,皮肤呈粉红色,部分羊有黑斑。体格高大,结构匀称。头较长,额宽,耳长、伸向前上方。有角或无角,公羊角粗大,母羊角较小。角呈蜡黄色,微向后、上、外方向扭转。公、母羊均有须。母羊颈长、清瘦;公羊颈部粗圆,多数有肉垂。胸宽深,肋骨开张,背腰平直,腹大、不下垂,尻长宽适中、不过斜。母羊乳房容积大、基部宽阔,乳头大小适中、分布均匀、间距宽,乳静脉大、弯曲明显。四肢结实、肢势端正。蹄质坚实(图325、图326)。

图325 雅安奶山羊公羊

图326 雅安奶山羊母羊

(2)体重和体尺。雅安奶山羊成年羊体重和体尺见表256。

表256 雅安奶山羊成年羊体重和体尺

性别	数量(只)	体重(kg)	体高(cm)	体长(cm)	胸围(cm)
公	53	92.0 ± 5.6	83.2 ± 3.7	95.3 ± 5.0	97.7 ± 5.3
母	221	48.8 ± 9.0	68.7 ± 0.8	79.2 ± 5.9	84.9 ± 4.5

(3)繁殖性能。雅安奶山羊公羊5月龄有性行为,母羊初情期在4月龄左右。配种年龄,公羊1.5岁左右,母羊8～12月龄。母羊常年发情,多集中在9—11月配种;发情周期(20.4±4.5)d,妊娠期(150.2±2.7)d;年产1胎,平均产羔率186.31%。初生重,公羔(3.3±0.5)kg,母羔(3.0±0.6)kg。羔羊平均断奶成活率95.9%。

(4)产肉性能。在正常饲养条件下,营养水平中等的雅安奶山羊8月龄公羊平均宰前活重(34.9±4.0)kg,胴体重(18.1±1.0)kg,屠宰率51.9%,净肉率40.34%,肉骨比3.5∶1。

(5)产奶性能。雅安奶山羊成年母羊平均泌乳期278.7d,产奶量691.7kg,乳脂率3.5%。

157. 罕山白绒山羊

罕山白绒山羊属绒肉兼用山羊培育品种，1995年由内蒙古自治区人民政府命名，2010年由国家畜禽遗传资源委员会审定。

（1）外貌特征。罕山白绒山羊全身被毛为白色，体格较大，体质结实，结构匀称。面部清秀，头大小适中，额前有一束长毛，两耳向两侧伸展或呈半垂状；公羊有扁螺旋形大角；母羊角细长，向后、外、上方扭曲伸展。背腰平直，后躯稍高，体长略大于体高。四肢强健，蹄质坚实。尾短而小、向上翘立（图327、图328）。

图327 罕山白绒山羊公羊　　　　　　　图328 罕山白绒山羊母羊

（2）体重和体尺。罕山白绒山羊成年羊体重和体尺见表257。

表257　罕山白绒山羊成年羊体重和体尺

性别	数量（只）	体重（kg）	体高（cm）	体长（cm）	胸围（cm）	管围（cm）
公	20	38.4 ± 4.2	55.5 ± 3.9	74.8 ± 4.1	72.4 ± 6.0	7.7 ± 0.6
母	120	36.7 ± 4.8	54.2 ± 2.3	72.0 ± 4.5	71.4 ± 5.2	7.0 ± 0.6

（3）繁殖性能。罕山白绒山羊公羊7～9月龄、母羊6～8月龄性成熟。初配年龄公羊14～16月龄、母羊12～14月龄。母羊发情周期17～18d，妊娠期平均150d，平均产羔率112%，羔羊平均断奶成活率100%。平均初生重，公羔2.1kg，母羔2.0kg；120日龄平均断奶重，公羔14.5kg，母羔12.1kg。

（4）产肉性能。罕山白绒山羊成年羊屠宰性能见表258。

表258　罕山白绒山羊成年羊屠宰性能

性别	宰前活重（kg）	胴体重（kg）	屠宰率（%）	净肉重（kg）	净肉率（%）
公	40.7 ± 3.8	18.1 ± 1.7	44.47	15.3 ± 0.6	37.59
母	35.6 ± 2.8	15.81 ± 1.2	44.41	13.3 ± 0.6	37.36

（5）产毛、绒性能。罕山白绒山羊产毛、绒性能见表259。

表259　罕山白绒山羊产毛、绒性能

性别	数量（只）	粗毛产量（g）	粗毛长（cm）	产绒量（g）	绒细度（μm）	绒伸直长度（cm）
公	20	280.33 ± 1.45	15.31 ± 1.11	754.16 ± 1.52	14.12 ± 1.21	7.00 ± 0.20
母	120	281.01 ± 1.45	13.86 ± 1.11	514.28 ± 1.52	13.93 ± 0.80	6.42 ± 1.00

158. 晋岚绒山羊

晋岚绒山羊由山西农业大学联合山西省牧草工作站、岢岚县畜牧兽医局和内蒙古农业大学等单位，以吕梁黑山羊为母本，以辽宁绒山羊为父本，采用杂交育种方法，历经杂交改良、横交固定和选育提高3个阶段培育而成。2011年10月，通过了国家畜禽遗传资源委员会的新品种审定。晋岚绒山羊具有遗传稳定、产绒量高、绒细度好、适应性强等特点。

主产于山西省岢岚县、岚县、偏关县、静乐县、娄烦县等地，分布于吕梁山区及其周边地区，适合于海拔700～1 500m的山区。

目前，晋岚绒山羊的群体数量200余万只，主要在山西吕梁山区推广应用。

（1）外貌特征。晋岚绒山羊被毛全白色，体质结实，结构匀称，背腰平直，公母羊均有角，且螺旋明显（图329、图330）。

图329　晋岚绒山羊公羊

图330　晋岚绒山羊母羊

（2）繁殖性能。经山西农业大学、山西省牧草工作站、山西省生态畜牧产业管理站抽样测定，放牧条件下，母羔初生重平均2.3kg，公羔初生重平均2.1kg；母羔断奶重平均10.3kg，公羔断奶重平均11.3kg；周岁母羊平均体重21.7kg，周岁公羊平均体重31.2kg；成年母羊平均体重30.3kg，成年公羊平均体重44.2kg。周岁母羊平均体高、体长、胸围、管围和尻宽分别为51.0cm、57.2cm、65.1cm、6.9cm和7.7cm。成年母羊平均体高、体长、胸围、管围和尻宽分别为55.2cm、62.6cm、72.8cm、7.9cm和9.3cm。周岁公羊平均体高、体长、胸围、管围和尻宽分别为57.8cm、65.8cm、78.0cm、8.6cm和10.6cm。成年公羊平均体高、体长、胸围、管围和尻宽分别为66.3cm、72.0cm、86.8cm、9.9cm和11.0cm。

（3）产肉性能。周岁羯羊宰前活重、胴体重、肉重、骨重、屠宰率、净肉率、肉骨比分别为24.3kg、11.0kg、8.5kg、2.5kg、45.3%、35.0%和3.4：1。成年羯羊宰前活重、胴体重、肉重、骨重、屠宰率、净肉率、肉骨比分别为41.0kg、19.2kg、15.1kg、4.1kg、46.8%、36.8%和3.7：1。周岁羯羊肋肌面积、腰肌面积、背膘厚、肌肉pH分别为12.9cm²、9.3cm²、7.2mm和6.3；成年羯羊肋肌面积、腰肌面积、背膘厚、肌肉pH分别为13.7cm²、9.7cm²、8.5mm和6.5。

（4）产绒（毛）性能。成年母羊平均产绒量480g以上，羊绒细度15.0μm以下；绒毛平均自然长度5.0cm以上，净绒率60%以上，体重30kg以上，产羔率105%以上。成年公羊平均产绒量750g以上，羊绒细度16.5μm以下，绒毛长度6.0cm以上，净绒率60%以上。

159. 简州大耳羊

简州大耳羊是我国培育的肉用山羊品种。

（1）外貌特征。简州大耳羊被毛为黄褐色，个体间色调略有差异，腹部及四肢有少量黑色，部分从枕部沿背脊至十字部有一条宽窄不等的黑色毛带。头中等大。耳大下垂，长18～23cm。公羊角粗大，向后弯曲并向两侧扭转；母羊角较小，呈镰刀状。鼻梁微拱。成年公羊下颌有毛髯，部分个体有肉垂。体型高大，体质结实，体躯呈长方形。颈长短适中，背腰平直，四肢粗壮，蹄质坚实。公羊体态雄壮，睾丸发育良好、匀称；母羊体形清秀，乳房发育良好，多数呈球形（图331、图332）。

图331　简州大耳羊公羊

图332　简州大耳羊母羊

（2）体重和体尺。简州大耳羊体重和体尺见表260。

表260　简州大耳羊体重和体尺

性别	羊别	数量（只）	体重（kg）	体高（cm）	体长（cm）	胸围（cm）
公	6月龄羊	202	30.74 ± 2.32	62.44 ± 2.50	65.71 ± 2.83	71.70 ± 3.21
	周岁羊	188	48.55 ± 4.01	71.16 ± 2.66	77.68 ± 3.62	85.52 ± 5.23
	成年羊	171	73.92 ± 5.01	79.83 ± 3.76	87.36 ± 3.55	99.81 ± 4.05
母	6月龄羊	1 827	24.62 ± 2.73	59.04 ± 2.78	61.38 ± 2.58	66.56 ± 3.17
	周岁羊	1 783	37.24 ± 3.04	66.84 ± 2.29	70.45 ± 3.01	77.18 ± 3.21
	成年羊	1 510	50.26 ± 4.60	71.02 ± 2.65	76.47 ± 2.94	85.17 ± 3.40

（3）繁殖性能。简州大耳羊母羊2～3月龄有性欲表现，初配年龄为6月龄；公羊参加配种年龄为8～10月龄；发情周期平均20.66d，发情持续期平均48.52h，初产日龄平均335.98d，妊娠期平均148.76d，产后首次发情平均27.71d，产配间隔平均68.95d，产羔间隔平均228.34d，年均产羔1.75胎，初产母羊产羔率平均为153.51%，经产母羊为242.41%。初产母羊羔羊平均断奶成活率为97.13%，经产母羊羔羊平均断奶成活率为96.99%。

（4）肌肉品质。在舍饲条件下，简州大耳羊6月龄公羔羊肉水分含量为76.67%，粗蛋白质含量为21.08%，粗脂肪含量为1.22%，胆固醇含量为47.62毫克/100克；必需氨基酸含量占干物质的43.66%；羊肉脂肪酸中油酸含量为38.53%、亚油酸含量为4.42%、棕榈酸含量为18.71%。

160. 云上黑山羊

云上黑山羊是我国培育的肉用黑山羊品种。

（1）外貌特征。云上黑山羊全身被毛黑色，毛短而富有光泽。体躯较大，肉用特征明显。公、母羊均有角，两耳长、宽而下垂，鼻梁稍隆起。公羊胸颈部有明显皱褶（图333、图334）。

（2）体重和体尺。云上黑山羊体重和体尺见表261。

（3）繁殖性能。云上黑山羊常年发情、性成熟早。公羊性成熟期4～5月龄，初配年龄为12月龄；母羊初情期4～5月龄，初配年龄为10月龄左右。母羊妊娠天数为（148.90±2.78）d；初产母羊产羔率平均181.73%，经产母羊235.68%。

（4）肌肉品质。对12月龄云上黑山羊公羊背最长肌肉的常规营养成分和氨基酸、脂肪酸含量进行测定分析，结果表明，水分、粗脂肪、粗蛋白质和灰分分别为75.40%、0.97%、21.03%和1.00%，胆固醇含量低，为（59.30±22.6）mg/100g。

图333　云上黑山羊公羊

图334　云上黑山羊母羊

表261　云上黑山羊体重和体尺

性别	羊别	数量（只）	体重（kg）	体高（cm）	体长（cm）	胸围（cm）
公	6月龄羊	207	34.37±3.27	60.45±3.55	65.33±4.73	74.57±3.67
	周岁羊	247	52.44±5.44	67.32±3.42	77.88±3.63	86.84±4.14
	成年羊	218	76.44±6.84	75.65±5.75	85.81±5.81	97.57±7.57
母	6月龄羊	642	28.57±2.47	59.44±3.74	61.47±3.81	70.37±3.97
	周岁羊	714	41.83±4.33	62.97±3.67	67.75±4.15	80.47±4.67
	成年羊	585	54.45±5.75	66.67±4.17	77.46±5.22	89.27±5.87

（5）产肉性能。云上黑山羊屠宰性能见表262。

表262　云上黑山羊的屠宰性能

羊别	性别	数量（只）	宰前活重（kg）	胴体重（kg）	屠宰率（%）	净肉重（kg）	净肉率（%）	肉骨比
6月龄羊	公	9	39.39±2.65	21.24±1.63	56.35±3.17	17.02±1.26	80.14±0.57	4.04：1
	母	6	31.50±1.24	17.88±0.67	63.76±1.62	14.53±0.50	81.28±0.70	4.35：1
周岁羊	公	6	54.37±2.29	28.42±0.96	53.04±1.31	22.30±0.81	78.47±0.30	3.65：1
	母	6	37.07±2.31	20.93±1.77	64.43±1.80	17.18±1.63	82.03±0.90	4.58：1

161. 疆南绒山羊

　　疆南绒山羊是以辽宁绒山羊为父本、新疆山羊为母本，经过级进杂交、横交固定、选育提高3个阶段，由阿克苏地区畜牧技术推广中心等单位历经40余年选育而成。具有毛色全白、产绒量高、体型外貌一致、遗传性能稳定等特点。于2020年10月通过了国家遗传资源委员会的审定。疆南绒山羊主要分布在新疆阿克苏地区内314国道以北的天山山脉牧区，在阿克苏地区的七县两市均有分布，适应我国干旱荒漠、半荒漠及灌丛化草场放牧。

　　（1）外貌特征。疆南绒山羊被毛全白，毛长绒满，绒用体型明显。体格中等大小，体质结实，结构匀称。头轻小，刘海发达。鼻梁平直，耳中等长，颌下有髯。公、母羊均有角，公羊角粗大，母羊角较小，均向上向后向侧捻曲伸长，角质蜡白色。背腰平直，胸宽而深，后躯丰满。四肢端正。蹄质结实（图335、图336）。

图335　疆南绒山羊公羊　　　　　图336　疆南绒山羊母羊

　　（2）推广利用情况。目前，疆南绒山羊的群体数量120余万只，主要在新疆阿克苏地区山区推广应用，同时在新疆喀什、巴州、和田、塔城等地山区有少量推广应用。

　　（3）生产性能。成年母羊平均产绒量453g以上，羊绒细度15.5μm以下；绒毛自然长度4.5cm以上，净绒率55%以上，体重26kg以上，产羔率103%以上。成年公羊平均产绒量600g以上，羊绒细度16.5μm以下，绒毛长度5.0cm以上，净绒率55%以上。

（三）引入品种

162. 萨能奶山羊

萨能奶山羊又名莎能奶山羊，是世界上优秀的乳用山羊品种之一。萨能奶山羊原产于气候凉爽、干燥的瑞士伯尔尼西部柏龙县的萨能山谷。1904年，由德国传教士及其侨民将萨能奶山羊带入我国。1932年，我国又从加拿大大量引进萨能奶山羊，最初饲养在河北省定县，1936年和1938年两次从瑞士引进萨能奶山羊，在西北农学院（今西北农林科技大学）建立萨能奶山羊繁育场。目前，除气候极为酷热或严寒的地区外，世界各国几乎均有分布。在我国的平原、丘陵地区均可饲养，适应性强。该品种用作改良父本效果十分显著，在西农萨能奶山羊、关中奶山羊、崂山奶山羊及文登奶山羊等品种的培育过程中发挥了重要作用。

（1）外貌特征。萨能奶山羊全身被毛为白色短毛，皮肤呈粉红色。具有奶畜典型的"楔形"体型。体格高大，结构紧凑，体型匀称，体质结实。具有头长、颈长、体长、腿长的特点。额宽，鼻直，耳薄长，眼大凸出。多数羊无角，有的羊有肉垂。公羊颈部粗壮，前胸开阔，尻部发育好，部分羊肩、背及股部生有少量长毛；母羊胸部丰满，背腰平直，腹大而不下垂，后躯发达，尻稍倾斜，乳房基部宽广、附着良好、质地柔软，乳头大小适中。公、母羊四肢端正。蹄质坚实，呈蜡黄色（图337、图338）。

图337　萨能奶山羊公羊　　　　　　图338　萨能奶山羊母羊

（2）体重和体尺。萨能奶山羊成年羊体重，公羊75～95kg，母羊55～70kg；成年羊体高，公羊80～90cm，母羊70～78cm。

（3）繁殖性能。萨能奶山羊性成熟早，为2～4月龄，初配时间为8～9月龄。母羊发情周期平均20d，发情持续期平均30h，妊娠期平均150d。繁殖率高，平均产羔率200%。羔羊平均初生重，公羔3.5kg，母羔3.0kg；平均断奶重，公羔30.0kg，母羔20.0kg；周岁重，公羊50.0～60.0kg，母羊40.0～45.0kg。

（4）产奶性能。萨能奶山羊泌乳性能好，乳汁质量高，泌乳期一般为8～10个月，以第3、第4胎泌乳量较高，年产奶量600～1 200kg，最高个体产奶纪录3 430kg。乳脂率3.8%～4.0%，乳蛋白平均含量3.3%。

163. 安哥拉山羊

安哥拉山羊是世界著名的毛用山羊品种。具有产毛量高、适应性较强、羊毛品质优良等特点，所生产的马海毛是优质动物纤维之一。安哥拉山羊原产于土耳其首都安卡拉（旧称安哥拉）周围，中心产区为气候干燥、土壤瘠薄、牧草稀疏的安纳托利亚高原。1985年，我国首次引入20只安哥拉山羊（8只公羊，12只母羊），繁育在陕北米脂县，随后内蒙古、河南、青海、山西等12个省份陆续引进该品种羊，并与当地山羊进行杂交，取得较好效果。后因"马海毛"市场疲软，纯种羊数量逐渐减少。

（1）外貌特征。安哥拉山羊全身被毛为白色，由波浪形或螺旋状的毛辫组成，较长者垂至地面，具美观的绢丝光泽。公、母羊均有白色扁平角，公羊角大、角间距宽，向后、向外、尖端向上弯曲；母羊角比公羊角捻曲显著，尖端下弯。颜面平直，头轻而干燥，颌下有须，耳大、稍下垂，嘴端或耳缘有深色斑点，颈部细短。体格中等，背腰平直，体躯稍长。四肢端正，蹄质坚实。短瘦尾（图339、图340）。

图339 安哥拉山羊公羊

图340 安哥拉山羊母羊

（2）繁殖性能。性成熟较晚，公、母羊初配年龄一般为18月龄。每年8—10月是母羊发情配种的高峰期，发情周期平均17.9d，发情持续期平均44.7h；母羊妊娠期（149.95±1.99）d，平均产羔率160%，其中第1胎151%，第2胎158%，第3胎175%。

（3）产毛性能。安哥拉山羊被毛由两型毛和无髓毛组成。1年剪毛多为1次。产毛量，3岁公羊（3.6±1.14）kg，5岁公羊（4.4±0.40）kg；3岁母羊（3.1±0.07）kg，5岁母羊（3.2±0.07）kg。羊毛自然长度13～16cm，最长可达50cm；伸直长度，成年公羊（19.6±2.63）cm，成年母羊（18.2±2.33）cm。羊毛细度，成年公羊（34.5±2.81）μm，成年母羊（34.1±3.18）μm，相当于50～48支，属同质半细毛。平均净毛率，公羊65%，母羊80%。

164. 波尔山羊

波尔山羊是世界上著名的肉用山羊品种，以体型大、增重快、产肉多、耐粗饲而著称。波尔山羊是由南非培育的肉用型山羊品种，1995年1月我国首次从德国引进25只波尔山羊，分别饲养在陕西省和江苏省。通过适应性饲养和纯繁后，逐步向四川、北京、山东等省份推广。1997年以后又陆续引入该品种羊，2005年后在我国山羊主产区均有分布。用波尔山羊对当地山羊进行杂交改良，产肉性能明显提高，效果显著。我国2003年11月发布了《波尔山羊种羊》国家标准（GB 19376—2003）。

（1）**外貌特征**。波尔山羊体躯为白色，头、耳和颈部为浅红色至深红色，但不超过肩部，广流星（前额及鼻梁部有一条较宽的白色）明显。体质结实，体格大，结构匀称。额凸，眼大，鼻呈鹰钩状，耳长而大、宽阔下垂。公羊角粗大，向后、向外弯曲；母羊角细而直立。颈粗壮，胸深而宽，体躯深而宽阔、呈圆筒状，肋骨开张良好，背部宽阔而平直，腹部紧凑，臀部和腿部肌肉丰满。尾平直，尾根粗、上翘。四肢端正。蹄壳坚实。呈黑色（图341、图342）。

图341　波尔山羊公羊

图342　波尔山羊母羊

（2）**繁殖性能**。母羊5～6月龄性成熟，初配年龄为7～8月龄。在良好的饲养条件下，母羊可以全年发情，发情周期18～21d，发情持续期平均37.4h，妊娠期平均148d，产羔率193%～225%，护仔性强，泌乳性能好。羔羊初生重3～4kg；断奶重20～25kg；7月龄体重，公羊40～50kg，母羊35～45kg。

（3）**肉用性能**。波尔山羊周岁体重，公羊50～70kg，母羊45～65kg；成年体重，公羊90～130kg，母羊60～90kg。肉用性能好，屠宰率8～10月龄48%，周岁50%，2岁52%，3岁54%，4岁时达56%～60%。其胴体瘦而不干，肉厚而不肥，色泽纯正。

165. 努比亚山羊

努比亚山羊是我国引进的乳肉兼用山羊品种。努比亚山羊又名努比山羊，因原产于埃及尼罗河上游的努比地区而得名，分布于非洲北部和东部的埃及、苏丹、利比亚、埃塞俄比亚、阿尔及利亚，以及美国、英国、印度等地。1984年和1985年四川省先后从英国、美国引进努比亚山羊用于本地山羊的杂交改良。后来云南、广西等地先后陆续引进，目前主要分布在四川、贵州、云南、湖北、广西、陕西、甘肃、河南等地，以云南、贵州、四川分布较多。努比亚山羊具有体格高大、生长发育快、产奶性能好、抗病力强、羔羊成活率高等特点，在我国肉用山羊新品种的培育中发挥了重要作用。但目前国内努比亚山羊纯种群体较小。

（1）外貌特征。努比亚山羊毛色类型较多杂，但以黄褐色、棕色、暗红为多见，引入我国以黄色居多，少数黑色细短、富有光泽；头较小，额部和鼻梁隆起呈明显的三角形，俗称"兔鼻"。两耳宽大而长且下垂至下颌部。有角或无角，有须或无须，角呈三棱形或扁形螺旋状向后，至达颈部。头颈相连处肌肉丰满呈圆形，颈较长，胸部深广，肋骨拱圆，背宽而直，尻宽而长，四肢细长，骨骼坚实，体躯深长，腹大而下垂，乳房有弹性，乳头大而整齐（图343、图344）。

图343 努比亚山羊公羊　　　　图344 努比亚山羊母羊

（2）体重和体尺。努比亚公羊成年体高90～120cm，成年母羊80～100cm；成年公羊体重79～140kg，成年母羊70～110kg。

（3）繁殖性能。努比亚公羊初配种年龄6～9月龄，母羊为5～7月龄。发情周期平均20d，发情持续期1～2d，妊娠期146～152d。1年2产或2年3产。初产母羊平均产羔率为163.54%，经产母羊为270.5%。羔羊平均初生重3.6kg，羔羊平均断奶成活率95%以上。

（4）肉用性能。成年努比亚公羊、母羊平均屠宰率分别为51.98%和49.20%，净肉率分别为40.14%和37.93%。

（5）产奶性能。母羊平均产奶量34kg/d，305d产奶量可达870kg，乳脂率4.8%，乳蛋白3.5%。

166. 阿尔卑斯奶山羊

阿尔卑斯奶山羊，是世界著名的奶山羊品种，原产于瑞士和奥地利的阿尔卑斯山区，在法国与地方山羊品种长期杂交选育而成。

阿尔卑斯奶山羊主要分布于法国、意大利等国家，美国、澳大利亚、中国等都有分布。英国、意大利从瑞士和法国引进该品种，通过级进杂交后育成自己的奶山羊品种，如英国阿尔卑斯奶山羊和意大利阿尔卑斯奶山羊。

（1）培育过程。阿尔卑斯奶山羊是在法国南部土壤贫瘠、饲料条件相对较差的地区经过长期选育，并于19世纪末育成的新品种，适合于阿尔卑斯山脉区域的气候和生态条件，主要饲养于半山区、丘陵地带和平原地区。

（2）体貌特征。阿尔卑斯奶山羊体型较大、体质结实、乳用型明显。被毛粗短，以黑白色为主，也有棕色、灰色及杂色个体，颜面有黑白相间条带；有角或无角，头长、面凹、额宽、颈长、耳小直立、背腰平直、体躯宽长；公羊雄性明显，头大颈粗、胸部宽深、腹部紧凑、睾丸发育良好；乳房为椭圆形，基部附着良好，质地柔软，乳头大小适中；公母羊四肢结实、肢势端正、蹄质坚硬。部分羊体表、唇、鼻及乳房皮肤有大小不等的色斑，部分个体有胡须、肉垂。

阿尔卑斯奶山羊成年公羊体高85～100cm，体重80～100kg；成年母羊体高72～90cm，体重60～90kg（图345）。

（3）生产性能。2016年共有1 299个阿尔卑斯奶山羊场参加了官方测定，测定记录了151 566只奶山羊的生产性能，298d泌乳期产奶量达到929kg，日均产奶量为3.12kg，乳脂率为3.78%，乳蛋白率为3.34%。阿尔卑斯奶山羊群体泌乳期平均产奶量600～900kg。

阿尔卑斯奶山羊繁殖季节为每年的6—10月，初情期为7～8月龄，发情周期平均为21d。妊娠期149～150d，平均为150d。平均初产日龄为393日龄，产羔率184%。公母羔羊平均初生重分别为4.0kg、3.7kg。

图345 阿尔卑斯奶山羊

（4）推广利用情况。我国阿尔卑斯奶山羊引种较晚，最早于2015年开始引进胚胎，随后引进活体，现饲养于陕西、甘肃、云南、内蒙古等省份，数量1 000余只，处于繁殖扩群阶段，尚未推广至其他地区。该品种适合舍饲养殖、山区放牧或混合养殖等各种饲养方式，对不同气候环境的适应性良好。

167. 吐根堡奶山羊

吐根堡奶山羊是世界著名的奶山羊品种，在原产地瑞士西北部圣加伦州奥博吐根堡和沃登伯格地区经过长期选育而成，于1892年正式登记为品种，是世界上最早育成的奶山羊品种。

吐根堡奶山羊主要分布于瑞士西北部圣加伦州奥博吐根堡、沃登伯格地区，及中部施维茨州及卢塞恩州，英国等其他欧洲国家也有分布，并且被批量引进美国、澳大利亚、新西兰、中国等。英国、荷兰从瑞士引进吐根堡奶山羊并经过选育培育成自己的奶山羊品种，如英国吐根堡奶山羊和荷兰吐根堡奶山羊。我国历史上曾几次从英国、澳大利亚等国家引进吐根堡奶山羊，近年引进的吐根堡奶山羊主要饲养于陕西、甘肃、内蒙古等省份。

（1）培育过程。吐根堡奶山羊是在瑞士西北部吐根堡盆地特有的环境生态条件下由白色亚品赛和西亚姆山羊杂交后经过长期选育而形成的新品种，对炎热的气候条件和山地牧场具有较好的适应性。

（2）体貌特征。吐根堡奶山羊体型中等、体质结实、乳用型明显。被毛褐色或深褐色，也有灰色及杂色个体，颜面两侧各有一条灰白色条带，鼻端、耳缘、腹部、臀部、尾下及四肢下部为灰白色；有角或无角，头大、额宽，两耳直立，背腰平直，体躯宽长；公羊雄性明显，头粗大、胸部宽深、腹部紧凑、睾丸发育良好；乳房大而柔软，基部附着良好；公母羊四肢结实、肢势端正、蹄质坚硬。部分个体背部及大腿部有长毛，头部有胡须、肉垂。

吐根堡奶山羊成年公羊体高85cm，体重60～80kg；成年母羊体高70～75cm，体重45～55kg（图346）。

（3）生产性能。吐根堡奶山羊平均泌乳期287d，泌乳期平均产奶量728kg；个体泌乳期最高产奶量为1 511kg，乳脂率为3.5%～4.2%。吐根堡奶山羊群体泌乳期平均产奶量600～1 200kg。

吐根堡奶山羊发情期多集中在秋季，繁殖季节为每年的6—11月，初情期为7～8月龄，发情周期平均为21d。妊娠期149～151d，平均为150d。产羔率180%。公母羔羊平均初生重3.27kg。

图346　吐根堡奶山羊

（4）推广利用情况。吐根堡奶山羊最早于20世纪30年代引入我国。1982年，四川省曾引入英国吐根堡奶山羊44只饲养于雅安市。黑龙江省于1982年和1984年曾先后引入吐根堡奶山羊21只，饲养于绥棱县吐根堡奶山羊场。1999年，陕西省曾引入数十只吐根堡奶山羊进行纯种选育和杂交改良。2018年以来，我国引进多批吐根堡奶山羊，主要饲养于陕西、甘肃、云南、内蒙古等省份，数量较少，处于繁殖扩群阶段，尚未大量推广。该品种遗传性稳定，适合各种饲养条件，具有良好的适应性。

吐根堡奶山羊体质结实，性情温驯，耐粗饲，耐炎热，产奶性能好，是优良的乳用品种，可以作为改良低产山羊的父本品种。今后还可以利用高效扩繁技术扩大群体规模，进行风土驯化和本品种选育，形成适合我国气候生态条件的自主培育品种。